女人 受用一生的 魅力课

内外兼修，让女人拥有岁月打不败的美丽

对于女性而言，美丽与魅力，一定要提升，
因为那是她们自信的源泉。女人的魅力是一种内在的气质，
无论时光如何变迁，它都不会逍逝。

文　捷◎编著

Nüren shouyong

Yisheng de Meilike

台海出版社

图书在版编目（CIP）数据

女人受用一生的魅力课 / 文捷编著. —北京：台海
出版社，2016.3

ISBN 978 - 7 - 5168 - 0903 - 7

Ⅰ. ①女… Ⅱ. ①文… Ⅲ. ①女性－修养－通俗读物
Ⅳ. ①B825 - 49

中国版本图书馆 CIP 数据核字（2016）第 052158 号

女人受用一生的魅力课

编　　著：文　捷

责任编辑：王　艳　　　　　　　责任印制：蔡　旭

出版发行：台海出版社

地　　址：北京市朝阳区劲松南路 1 号　邮政编码：100021

电　　话：010－64041652（发行，邮购）

传　　真：010－84045799（总编室）

网　　址：http：//www. taimeng. org. cn/thcbs/default. htm

E-mail：thcbs@126. com

经　　销：全国各地新华书店

印　　刷：北京柯蓝博泰印务有限公司

本书如有破损、缺页、装订错误，请与本社联系调换

开　　本：730×1030　　1/16

字　　数：220 千字　　　　　　　印　　张：17

版　　次：2016 年 8 月第 1 版　　印　　次：2016 年 8 月第 1 次印刷

书　　号：ISBN 978 - 7 - 5168 - 0903 - 7

定　　价：36. 80 元

序

美丽的女人人见人爱，但真正令人神魂颠倒的，却是具有魅力的女人。

在人生的舞台上，无论你扮演何种角色，都会希望自己能像磁石一般，牢牢地吸住周围的人。这样一种让人喜欢、让人欣赏、让人膜拜的强烈的吸引力，便是魅力。

英国作家巴里说："有魅力的女人，人人都愿意亲近她，爱和她交往，人人都乐于为她做事。和有魅力的人相处是愉快的，她好像雨天的太阳，就连最冷酷无情的人都受她的感染。"可以说，魅力对于女人是一种永恒的诱惑。外貌再漂亮的女人，如果缺乏魅力，也会犹如一朵几近枯萎的鲜花、一潭永不流动的死水。优雅大方、自然的魅力会给人一种舒适、亲切与随和感。相反，天生不漂亮的女人，一旦焕发出迷人的魅力，神采便会飞扬起来，便会成为众人追捧的对象。

可以说，魅力，是现代每个女人都该拥有和具备的一种基本能力。学习它、拥有它，你就抓住了一把魔术的钥匙，它会帮你顺利地打开人际关系的一道道大门，让你体会到做女人的快乐，也会让你一生都顺风顺水。

魅力是一个女人综合素质的体现，一个不经意的动作，就能吸引所有人的眼球。果戈理说："魅力等于内在美和外在美的总和。"身为女人，你可以不漂亮，但一定要美丽。而美丽只是表象，但魅力却是在骨子里的。所以，要做魅力女人，是需要后天不断地修炼的。

如果你很漂亮，高雅的魅力可以提升你的美丽；如果你不漂亮，脱俗和充满个性的魅力同样能使你楚楚动人。

魅力是一种智慧。古人云："秀外而慧中。"智慧是增加魅力所不可缺少的养分。智慧一点点地雕琢着一个人、塑造着一个人。智慧使女人能够把握自己，从容自信，进而富有迷人的持久的魅力。

魅力是一种个性。"人生百态，花有百样"，每个女人都有自己的魅力，便如同各种各样的花有各种各样的味道一般，都会受到认可、受到欢迎。聪明的女人不会盲目克隆别人的美，她们知道，魅力的宝藏在于差异。这样的女人反而更具女人味。温柔贤淑的女人也许不再是好女人的唯一标准，个性丰富的女人才是性感中的性感，女人中的女人。只有不断地创新，才能拥有与众不同的韵味，成为一个让人一见倾心和念念不忘的人。

在当下，魅力决定着女人在公众心目中的形象，并影响着他人。要知道，这是一个"她"时代，女性的经济独立在某种程度上决定着她们的人格独立，魅力更是当代女性在生活各个领域中取得成功的前提。魅力是女人人生中的重要课题，一个成功而有魅力的女人，成功不会剥夺她们的女人味，而只会令她们更加光彩照人，活力四射！

其实，每个女人都有专属于自己的魅力，就在于你是否懂得开发它、发扬它。《女人受用一生的魅力课》深入地挖掘了女性的各种魅力，文字富有力度，具有"一针见血"的功效。同时，作者费尽心思，博古论今，力求让每个事例都富有吸引力和说服力，观点新颖，能让读者眼前一亮。只要你静静研读它，必能陶冶情操，深悟女人魅力的真意所在，从而成为一个真正富有吸引力的魅力女人。

目录

Part 1
增添智慧：欲"秀"外，必先"慧"中

在"头脑"面前，"脸蛋"永远是弱者

1. 漂亮女人让男人停下，智慧女人让男人留下 ………………… 2

　　☆ 如果说漂亮女人是"宝石"，气质女人是"金子"，聪明女人是"名画"，那么，智慧女人便是宝藏，里面装满了宝石、金子和名画，让人惊喜连连，挖掘不尽。

2. 不做"挂历女"，要做"名画女" ………………………………… 5

　　☆ 这个世界上最宝贵的东西，都是随着年代的久远才变得有价值，比如钻石、古董。身为女人，要努力让自己成为"名画"，而非"挂历"。

3. 长得漂亮是优势，活得漂亮是本事 …………………………… 9

　　☆ 苏岑说过，上帝是公平的，给予每个人的都是一点点，也许是美貌，也许是智慧，也许是口才，也许是胆量……说到底，就是要你凭着这一点点去博取整个人生的精彩！

4. 拿出"强者"姿态，丑女也能生出几分性感来 ……………… 12

　　☆ 身边有些女人越来越俏，是因为她们拥有"强者"的姿态。岁月，带给庸者的仅仅是发皱的皮肤，但对于智者，还另外附赠一份积淀的魅力。

5. 愚者选择"点"生活，智者画出"圆"人生 ………………… 15

　　☆ 你所从事的每一份工作都是一个荷包蛋，是有营养的，一定要把它吃透了并吸收掉，如此才能让你的生命丰盈无比。

6. "性感"是道门槛，没能力的女人无权入内 ·············· 18

　　☆ 苏岑说，性感是一种极为深厚的底蕴，是种很有张力的特质，没有能力的女人，就没有那种自信来驾驭性感！

7. 魅力从来都与"酸菜女"无缘 ························· 21

　　☆ 一个女人，无论是脸蛋还是内心，假如只剩下了鲜艳的颜色，而无蓬勃的生命力和涵养，这样的女人，注定与魅力无缘！

8. 将"思想"装进头脑，你能颠覆全世界 ·············· 23

　　☆ 漂亮固然是女人的一种资本，但如果缺失思想，那么，其一旦过了保鲜期，亦不会再迷人，不再被人欣赏。

9. 神秘感，任谁也抵挡不住的极致诱惑 ·············· 26

　　☆ 曾子航说："女人要想长久地吸引男人，既不是靠惊人的美貌，也不是靠温顺的性格和不凡的才气，而是一种特殊的味道，一种不一样的气质，一种与众不同的交际手腕，一种齿颊留香的品位。"

10. 男人靠能力征服世界，女人靠自信征服男人 ·············· 29

　　☆ 自信的女人，目光不会飘浮、游离，因为她知道内敛性情能产生最致命的诱惑。

愚者在情爱中"退化"，智者在婚恋中"进化"

11. 能"悦己"的女人，注定可以倾倒世人 ·············· 32

　　☆ 懂得"悦己"的女人，注定可以倾倒世人，在情场上，她终究会是人人艳羡的"大赢家"！

12. "成品"女人，是婚恋场上的"畅销品" ·············· 35

　　☆ 胡杨说："命运是我们每个人一生所盖的那所房子，信念是梁，行动是瓦。好命运是你努力的结果，坏命运也是你参与造成。"

13. 要让爱无价，先用"高贵"提升你的"身价" ·············· 38

　　☆ 当女人真正输掉一份感情时，就要问自己：真的输了吗？真正的输，是输掉了自己；真正的赢，是令自己变得更好。

14. 把婚恋当作人生的大"升级"，终会玉润珠圆 ·············· 41

　　☆ 把爱情当饭吃的女人，终究会营养不良；把婚姻搞成"圈地运动"的女人，终究会憔悴不堪；把婚恋当作人生的"升级"的女人，终会玉润珠圆。

15. "牛奶＋咖啡"式的爱法，不仅营养而且提神……………… 43

　　☆苏岑说："二十四小时的爱情，让女人变得平凡，变得庸俗，变成了男人眼中的草。等爱到一个伤痕累累，蓦然惊觉：爱情原来是需要减法的。"

16. 给男人吃"定心丸"，给自己吃"紧心丸"………………… 46

　　☆智慧女人懂得：爱应该是有节制的，应该是向善的。因此，好女人对男人只要心怀善意就行了。女人爱得泛滥，爱得匮乏，都会让男人感到紧张，感到烦闷。

17. 控制情绪，做不动声色的"静安"公主 ………………… 49

　　☆女人都是情绪动物。当你控制不住情绪的时候，你便很容易做情绪的"俘虏"；当你能很好地掌控情绪的时候，你便是个优雅的"静安"公主。

18. 不做随意改造男人的"机械师" …………………………… 53

　　☆婚姻中的女人一个很重要的作用就是对丈夫和孩子的教化。当然，这个女人一定是要学识不在丈夫之下，其他条件也能和丈夫比肩的情况下才有可能进行的。

19. 适当施展点"媚"功，你会魅力无穷 ………………… 55

　　☆即便在工作中，你是个再成功、再有魄力的女人，也永远不要忘了在男人面前撒娇，这是最有力也是最省力的"勾魂法"。

20. "剩女"有了原则，就是"优胜女" …………………… 58

　　☆在情场上，女人在任何时候都要坚持自己的原则，绝不向年龄等难题妥协！

21. 女人须牢记：没有什么错误可以"永垂不朽" ………… 60

　　☆苏岑说："没有错误可以'永垂不朽'，能让错误'永垂不朽'的是女人反反复复唠叨错误的一颗心。"

舌灿莲花，做魅力场上的"大赢家"

22. 女人如花，但请别做"喇叭花" …………………………… 63

　　☆爱惹是非者，必是是非之人；若在背后损他人十分，就会自损七分。

23. 话出口前先"拔刺"，以免伤人害己 ………………… 66

　　☆在最困难的挣扎中，有人投以理解的目光，你会顿感一种生命的暖意！推己及人，你的一句赞美的话，也会温暖另一个人的心灵，给他一份勇气和信心！

24. "口头牛人"形象，撑不起你的气质 …………………… 68

☆ 要做魅力女人，谈论事情一定要抛开吹嘘，绝不要絮絮叨叨地对别人谈你个人关心的事，以及自己的私事。你对这些事虽然兴趣盎然，而别人却会讨厌觉得有粗鲁之嫌！

25. 唠叨，是你人缘恶化的"头号暗礁" …………………… 70

☆ 陶乐丝•迪克斯认为："一个男性的婚姻生活是否幸福和他太太的脾气性格息息相关。如果她脾气急躁又爱说话，还没完没了地挑剔，那么即便她拥有普天下的其他美德也都等于零。"

26. 学会幽默，做人际场上的"发光体" …………………… 73

☆ 一个人的幽默感就像是装上了减震器的汽车一样，能使坎坷的人生之路变得平坦。没有幽默感的人，生活路上的每一个小石头都可以让车身摇晃。

27. 想口吐"春风"，就要"出其不意" …………………… 75

☆ 最完美的称赞，便是要带给对方出其不意的感觉。令人出其不意的赞美，让你如口吐"春风"般，给人以温馨和暖意，不仅能让你在瞬间赢得他人的好感，而且还让人将你铭记于心。

28. 善于运用"模糊语言"，巧应妙答 …………………… 77

☆ 模糊语言的魅力就在于它能够巧妙化解难题，而又无懈可击。

29. 得理也饶人，才不会沦为"孤家寡人" …………………… 79

☆ 人不讲理，是一个缺点；人硬讲理，是一个盲点。在交际场上，"理直气和"远比"理直气壮"更能说服和改变他人。

30. 从"废话"中"唠"出信任和交情 …………………… 81

☆ 在交际场上，恰到好处的"废话"，最容易能够"侃"出人与人之间的信任和交情来。

31. 原来，说话也要讲究"黄金比例" …………………… 83

☆ 在交际场上，说话是讲究"黄金比例"的，即话语的"长度"要精准，面部表情要动人，话点要到位。

善于交际，用智慧引爆你的"人际热量"

32. 不做"庸俗女"，要做"通俗女" ·················· 86

　　☆ 交际场上，人人都爱和蔼可亲的"通俗女"，而排斥俗不可耐的"庸俗女"。

33. 成功"推销自己"，就要敢于亮出"缺点" ·················· 89

　　☆ 交际，最重要的就是"自我推销"。每个人固然都要推销自己，但并不代表每个人都懂得如何推销自己。

34. 做男女皆赞的"双人缘"强悍女 ·················· 91

　　☆ 苏岑说，女人，要学会与异性相处，这是一门情调艺术，可以让你的人生更动人心弦；女人，也要学会与同性相处，这是一门实用技术，这是你人生舒不舒服的关键所在！

35. 不用伎俩去战胜人，要用气量去征服人 ·················· 94

　　☆ 人际交往，如果变成了伎俩之争，那生活便也无趣味可言。

36. 别犯"公主病"，它是社交"毒药" ·················· 97

　　☆ 要想与任何人相处和谐，要遵循最重要的一条原则：先向别人施与爱。

37. 社交姿态要摆正：甘做学生，不做老师 ·················· 99

　　☆ "学生姿态"的女人更容易成为交际场上的"大红人"，"老师风范"的女人只能年复一年地让人生厌。

38. 微微一笑百"魅"生 ·················· 101

　　☆ 懂得微笑的女子，运气一般都不会很差。可以说，微笑是女人施展自我魅力和自我美丽的绝佳法宝。

39. 散发积极的能量，传递你的光和热 ·················· 103

　　☆ 每个人都希望得到正面积极的信息，当你想去说明一个人喜欢你、接纳你、赞同你，那就该学着用积极的方式去感染他。

40. 用"制造麻烦"撬开他人的"心理关卡" ·················· 105

　　☆ 让不喜欢的人喜欢上你，与其对他说："嗨，我能帮你做点什么？"不如尝试着说："嗨，你能帮我做点什么吗？"

41. 真诚地对别人"感兴趣"···108

  ☆ 奥地利著名心理学家亚佛·亚德勒写过一本叫作《人生对你的意识》的书。在书中他说："不对别人感兴趣的人，他一生中的困难最多，对别人的伤害也最大。所有人类的失败，都出诸于这种人。"

Part 2
提升韵味：做灵魂有香气的女子

女人味是从灵魂里散发出来的

42. 魅力就是要把美刻进骨子里···112

  ☆ 能凭自己的内在气质令人倾心的女人，是最有女人味的。所谓女人味指的是一种内涵，一种人格，一种文化修养和品位，一种美好情趣的外在表现。简而言之，女人味就是女人的神韵和风采。

43. 韵味女人就是要"耐人寻味"···115

  ☆ 做韵味女人并非易事，没有一定的文化底蕴、修养层次、人生阅历，便无法"烹饪"出醉人的味道。

44. 善良，最富吸引力的"生命底色"···118

  ☆ 女性的美好，关键就在于这个"性"字。"性"即为母性，母性就是慈爱善良。所以，善良是做女人的第一要义，是女人最富吸引力的"生命底色"。

45. 女人轻轻一温柔，万千宠爱聚一身···121

  ☆ 温柔是一块磁石，只要进入它的磁场区，你就会不知不觉被它所吸引，想躲也躲不开。

46. 富有热忱，不做"枯萎的花朵"···123

  ☆ 对女人来说，热忱是长生不老的灵丹妙药，它可以使人生永远充满张力和活力，正如作家兼诗人欧尔曼所写的那样："岁月使皮肤添加皱纹，失去热忱却令心灵发皱。"

47. 女人受宠一生，源于有情趣···126

  ☆ 漂亮是女人的外壳，而情趣却是女人的灵魂。高雅的情趣更能体现出女人的漂亮与妩媚，使女人变得风情万种、千娇百媚。

48. 乐观是女人永葆魅力的"黄金软甲"···128

  ☆ 著名央视主持人倪萍说："我觉得女人最重要的是要有一个良好的心

态，因为女人在这个社会上可比的东西太多了，没有好的心态的话，你可能永远找不到北，也永远找不到自己的位置。"

49. 品位，是时间打不败的美丽 ………………………………… 131

☆ 一位作家说："女人是一种指标，如果女人都散发出品位，社会自然成为泱泱大国。"

50. 做一朵永不凋零的"解语花" …………………………… 133

☆ 善解人意的女人是男人最渴望接近和得到的，她们能点燃和唤起男人的内在激情，她们是家庭的港湾，是男人心灵休憩的圣地。

51. 亲和力是最浓郁的女人味………………………………… 136

☆ 在与他人沟通中，亲和力是人与人之间的黏合剂。如果我们将要说的话比作佳肴，那么盛佳肴的餐具便是亲和力。可以想象，如果这器具总是脏兮兮的令人生厌，那么谁还会在乎其中的佳肴味道如何呢？

好修养让女人静若幽兰，芳香四溢

52. 提升修养，不做招人厌弃的"粗俗女" ……………………… 139

☆ 对于一个女人来说，不美丽、不温柔、不贤惠等，都是男人可以容忍的，但没修养绝对是男人不可容忍的！

53. 字迹可以"潦草"，形象绝"潦草"不得 ………………… 142

☆ 刘嘉玲说："在我眼中，智慧、干净、大方和有爱心的女人，最具吸引力，我认为女人的大忌是不修边幅，不注意小节。"

54. 别让"出口成脏"毁了你的形象 ………………………… 145

☆ "出口成脏"不仅仅是一种不礼貌的行为，同时还会影响你的人格魅力。

55. 内涵是一种养料，能让优雅枝繁叶茂 ……………………… 147

☆ 对于女人来说，内涵是一种肥厚的养料，优雅之树只有深扎在它上面，才能枝繁叶茂。

56. 魅力女人会将教养刻进骨子里 …………………………… 149

☆ 作家契诃夫说，对男人来说，智慧和教养最要紧，漂亮不漂亮，对他来说倒算不了什么！要是你头脑中没有教养和智慧，哪怕你生得再漂亮，也还是一钱不值。

57. 时时记得要为生命"化妆" ··· 152

☆ 杨澜说："在与别人交往的过程中，谈吐与修养是最能征服别人的。喜欢看书的女孩，她一定是沉静且有着很好的心态，一定是出口成章且优雅知性的女人。"

58. 只有气度非凡，才有气场轩昂 ··· 154

☆ 有气度的女人，能忍他人所不能忍，容他人所不能容，她们能散发出巨大的影响力，拥有强大的"气场"震慑力。

59. 宽容是女人容颜永驻的绝佳"滋补品" ································· 157

☆ 著名作家雨果曾经说过："世界上最宽阔的东西是海洋，比海洋更宽阔的是天空，比天空更宽广的是人的胸怀。"

60. 绝不做轻轻一拍，就跳得老高的"皮球" ····························· 160

☆ 谦虚和气的优雅女人，其美是从骨子里透出来的。她的容颜也许不像年轻女子那样能掐出水来般柔嫩，但她的举手投足、轻颦浅笑间渗透出来的美，好像初秋的微雨，慢慢浸透你的身心。

61. 魅力女人的字典里少不了"矜持"二字 ······························· 162

☆ 法国作家巴尔扎克说："一个年轻美貌的女人决不肯让男人对她存有唾手可得之心，把恋慕之情硬压在心头而假作端庄的举动，比最疯狂的情话来得意义更深长。"

气质是女人历久"迷"香的魅力魔咒

62. 30 岁不做"杨柳花"，40 岁不做"豆腐渣" ··························· 165

☆ 一个女人，在绽放的年龄活得不"随便"，在凋谢的年龄活得不"懒散"，就是完美的一生了。

63. 只做第一个"我"，不做第二个"谁" ································· 167

☆ 香奈儿说，身为一个女人要想发掘你的魅力潜能，就得先从挖掘自我个性开始。

64. 春风不解风情，但男人最爱"风情女" ······························· 170

☆ 春风固然不解风情，是因为春风感受不到人的神韵之美，但是在现实生活中，男人最爱的就是"风情女"。

65. 淡然从容，做一株清香四溢的"幽兰" ⋯⋯⋯⋯⋯⋯⋯⋯ 172

　　☆ 做一个淡然的女子，不浮不躁，不争不抢，不去计较浮华之事，不是不追求，只是不去强求。淡然地过着自己的生活，不要轰轰烈烈，只求安安心心。

66. 女人不"容"，只会丧失"悦己者" ⋯⋯⋯⋯⋯⋯⋯⋯⋯⋯ 175

　　☆ 梁晓声说："女人要活得有理智，用三分之一的心思去爱一个自己值得爱的男人，用三分之一的心思去爱世界和生活本身，用三分之一的心思去爱自己。"女人爱自己，最为重要的一点，就是懂得装扮自己。

67. 精致女人就是要既"精美"又"细致" ⋯⋯⋯⋯⋯⋯⋯⋯ 177

　　☆ 说白了，精致，是一种生活态度，是一种生活方式。它可以让女孩子像赵雅芝一般，更优雅、更迷人。

68. 声音是气质女人"裸露的灵魂" ⋯⋯⋯⋯⋯⋯⋯⋯⋯⋯⋯ 179

　　☆ 心理学家认为，声音决定了你38%的第一印象。当人们看不到你时，音质、音调、语速的变化与表达能力直接决定你说话可信度的85%。声音是女人自然天成的乐器，是穿越男人灵魂的旋律，你的声音美与不美，就看你如何把握和驾驭。

Part 3
装扮美丽：让"漂亮"永恒定格

得体的妆容：既要"赏心"，更要"悦目"

69. 用你的"第一眼美丽"，锁紧人的眼球 ⋯⋯⋯⋯⋯⋯⋯⋯ 184

　　☆ 于丹说："人都有以第一印象定好坏的习惯，认为一个人好时，就会爱屋及乌，认为一个人不好时，就会全盘否认。"

70. 别把脸蛋全权"托付"给化妆品 ⋯⋯⋯⋯⋯⋯⋯⋯⋯⋯ 187

　　☆ 唯有气血充足的女人，才能拥有真正的美。那些面色苍白的"白面"美人，即便是胭脂粉底涂得再厚，其脸蛋也只会像"新纳的鞋底"般，败笔连连。

71. "面子"很重要，练好你的"门面功夫" ⋯⋯⋯⋯⋯⋯⋯ 189

　　☆ 美丽是所有女人的"资本"，每个女人都该为了这个目标不断地努力，再努力！

72. "养"出鲜嫩肌肤，打造你的"不老神话" ·············· 192

　　☆ 保养之于女人，犹如根茎之于花朵。无根，只能花开一时；有根，才能花开不败。

73. 打造气质发型，引爆你的"女人味" ·············· 195

　　☆ 女人漂亮不漂亮，关键在于脸部，而脸部的协调与美丽，关键在于发型的修饰。一个清爽、优雅的发型，能充分展示出女性的柔情，让你拥有十足的女人味。

74. 修饰你的"心灵之窗"，打造闪亮美眼 ·············· 198

　　☆ 著名的国际化妆师说："眼妆可以让一个女人更具女人味，同时充满成熟的气息。"

75. 运用香水魔力，打造媚惑"女人味" ·············· 200

　　☆ 张小娴说："爱上一种味道，是不容易改变的。即使因为贪求新鲜，去试另一种味道，始终还是觉得原来那种味道最好，最适合自己。"

76. 手是女人的第二张脸，也需要"妆" ·············· 203

　　☆ 女人的纤细适度的手，是有灵性的。它洋溢着女人温柔的气息。一双漂亮的女人手，足可以让一个男人为她付出一生的爱。

77. 别让颈部"泄露"了你的年龄秘密 ·············· 205

　　☆ 数一数女人颈部的褶皱，就知道她衰老的程度。由此，我们可知，光滑的颈部可以是一个女人骄傲的资本。

女人的千娇百媚完全可以"穿"出来

78. 先识"霓裳"，再"塑"佳人 ·············· 208

　　☆ 经典很重要，时髦也很重要，但不能忘记的是一点匠心独具的别致。

79. "自然和谐"是穿衣装扮的至高境界 ·············· 211

　　☆ 著名形象设计师说："女人满柜子的衣服不知如何搭配，那么多漂亮的衣服却穿不出气质，这说明穿衣搭配确实是一门学问。"

80. 与"面子"相比，"里子"形象更重要 ·············· 214

　　☆ 苏岑说："多年前，有这样一种观点：女人，爱自己就要让自己穿得好！多年后，这种观点得到了修正：女人，爱自己就要让自己从内到外都要穿得好！"

81. 找到属于自己的经典"颜色" ·············· 215

   ☆ 雪小禅说："我没有再尝试过穿金色，不适合自己的东西，尝试都是多余的，就像不适合自己的人，最好不要尝试走近，那样的尝试，带着明晃晃的危险……"

82. 学会搭配，你就是个"百变女神" ·············· 218

   ☆ 懂得服装的颜色搭配，你的衣柜里就会有永远也"穿不尽"的衣服，你也会成为众人眼中魅力十足的"百变女神"。

83. 是什么降低了你的穿着品位 ·············· 221

   ☆ 有句老话说："不怕手低，就怕眼低。"你能否驾驭好服饰，关键在于你的审美能力。

84. 打扮穿衣最讲究"黄金比例" ·············· 223

   ☆ 法国香奈儿品牌创始人可可·香奈儿说："穿衣装扮是一门建筑学，它跟比例有关。"

85. 别让职业装成为阻碍美丽的"绳索" ·············· 226

   ☆ 美国职业网球运动员小威廉姆斯说："衣服不会造就美女，但能帮助造就美女。"

86. 穿上高跟鞋，你便能步步生辉 ·············· 229

   ☆ 马诺洛说："女人就应该穿上高跟鞋，一双真正的高跟鞋，要能在舒适、品质和款式之间找到平衡点，进而从背影能看出腿部曲线的性感优美，女人就能变女神！"

87. 饰品：美女都离不开的时尚"道具" ·············· 232

   ☆ 张曼玉说："我做运动的时候，小的首饰会一直戴着不脱下来，连洗澡的时候也是。我喜欢铂金的首饰，是因为铂金不会氧化发黑，而且有种微微闪耀的光芒，不会抢我的风采。"

形态优雅的女神是"塑"出来的

88. 纤细美腿是可以"塑"出来的 ·············· 234

   ☆ 美腿天后莫文蔚说："拥有纤细紧实的美腿是所有女人的梦想，女人有美腿，才拥有不一样的美丽。"

89. 迷人的魅力全部都"藏"在细节之处…………………………… 237

　　☆ 女人最具魅力的地方全部都"藏"在神态上，一个女人如果没有好的神态，美丽将会大打折扣。

90. 不能站如"松"，也不要站如"弓"……………………………… 239

　　☆ 有人说："在人际关系中，站姿是一个人全部仪态的核心，所谓站有站相，一个人的站姿不仅能显示这个人的气质和风度，也是这个人内心真实的体现。"

91. "摇曳"生"姿"，走出你的"优雅范儿"………………………… 242

　　☆ 一个"摇曳"起来便处处生"姿"的女人，即便穿着不时尚、外貌不出众，也能在人群中脱颖而出。

92. 坐出仪态万千的"女皇范儿"……………………………………… 245

　　☆ 漂亮最先看脸蛋，品位最先看发型和鞋子，气质最先看举止。

93. 你在品味食物，别人也在品味你………………………………… 246

　　☆ 餐桌上的举止是对一个人的礼仪和修养最好的考验，你的事业或工作机会可能会在餐桌上发展起来，也有可能会在餐桌上跌落或消失。

94. 千万别伸出你"死鱼"般的手……………………………………… 249

　　☆ 加拿大形象设计师说："握手是陌生人的第一次身体接触，这五秒钟意味着经济效益。"

Part1　增添智慧：
欲"秀"外，必先"慧"中

要做魅力女人，首先要增添自我智慧，正所谓欲"秀"外，必先"慧"中。一个富有智慧的女人，纵然她没有漂亮的外貌和迷人的身材，却依然能在人心中焕发无穷的魅力。

这种女人其丰富的内涵和潜在的气质便是一种永恒的美丽，如一杯醇香的佳酿，让人一触即醉。智慧型女人独立自主，温柔却不失大体，有一颗善良的心，有情调，能够时刻保持心灵的简约与宁静，不为纷繁所扰。同时，她们对人和事总能做到善解人意的了解，能恰到好处地处理好各种矛盾和冲突。

在爱情方面，智慧女人总能让男人不由得想与之接近，并不动声色地夺去男人的心。可以说，提升自我智慧是魅力修炼的前提，一个魅力女人一定先是智慧的。

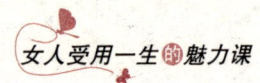

在"头脑"面前，"脸蛋"永远是弱者

　　智慧是滋养魅力女人的土壤，一个女人可以没有漂亮的脸蛋，但绝对不能没有智慧。在"头脑"面前，"脸蛋"永远是弱者，一个没有大脑的女人，哪怕她有闭月羞花的容颜，也与魅力无关。

　　智慧是女人不可缺乏的养分，智慧之于男人是睿智与深邃，智慧之于女人则是博爱与仁心，是充满自信的干练，是情感的丰盈与独立，是不苛刻地审度万物，更是懂得在得与失之间慧心的平衡。智慧足可以雕琢和成就一个完美女人，它使女人能真正地从情场、交际场上好好地把握自己，并获得从容与自信。智慧的女人周身散透出超然的气质，从而能让她们从人群中脱颖而出。

1. 漂亮女人让男人停下，智慧女人让男人留下

　　☆ 如果说漂亮女人是"宝石"，气质女人是"金子"，聪明女人是"名画"，那么，智慧女人便是宝藏，里面装满了宝石、金子和名画，让人惊喜连连，挖掘不尽。

　　☆ 智慧是魅力女人的"护身符"，它是比美丽更有价值的东西。女人的美丽会因为岁月的流逝而褪色，花开花落终有时，而智慧则会使女人因为岁月的淘洗而放出耀眼的光华，会因为岁月的深藏而散发出醉人的醇香。

著名的社会学家李银河认为,女性的魅力不能仅停留在娇美的外表上,而是要体现在头脑和智慧上。著名作家梁晓声也表示,具备了"智、趣、善、娴"的女性才可以称得上魅力女性,可见,要做魅力女人,"智"是第一位的。漂亮女人耀天下,智慧女人得天下。漂亮女人让男人停下,智慧女人则能让男人留下。拥有头脑和智慧的女人,便等于掌握住了拥有恒久吸引力的金钥匙。

作家王朔曾经说过,男人称赞一个女人美丽,就像我们去一个餐馆吃饭,吃得可口,我们会夸赞,但却并不意味着我们要留下来当这家餐馆的厨子。而真正能让男人留下来当厨子的女人,是智慧型的。美丽只能给人带来短暂的吸引,而智慧则会让有深度的男人为你驻足,留下。

其实,对女人来说,真正的智慧不是心机,是对世事洞察的了然,是相爱的吸引,是相守的包容,是不爱后的放手,是种种明智和达观的处世态度。

红颜易逝,女人的漂亮,犹如易拉罐里的饮料,一旦拉开,气泡跑光,谁还会愿意再喝?而智慧女人,则如陈年老窖,愈久弥新,让男人回味无穷。

在一次相亲派对上,一位记者专门针对成功人士的择偶标准做了一项调查,得出的结论是:"漂亮"并不是他们选择伴侣的主要条件。他们选择妻子,通常需具备两个条件:一是能"拿得出去",二是能"拿得回来"。拿得出去的不仅是美丽的外表,更重要的是丰富的学识、良好的教养、优雅的举止。拿得回来,就是在外无论有多么风光的成就,无论有多耀眼的光芒,但必须心系家庭,愿意回家,回到家里应是一位妻子、一位母亲和一个女人。同时,这些成功人士都一致表示,不愿意与美丽且俗不可耐的女子交往。

由此可见,要在漂亮和智慧中选择时,多半男人会倾向于后者。

与美丽相比,智慧才是让女人取之不尽、用之不竭的魅力,它们蕴藏在女人的内心深处。虽然,女人的美貌让人男人为之倾倒,但当有一天他们发现这个让人心醉的美丽外表后面并没有什么其他具有真正内涵的东西时，他们便会毫不犹豫地离她而去。如果说女人如花，那么单单拥有美貌的女人犹如一朵人工"塑料花"，因为没有活力而缺乏独到的韵味，尽管它在一时能激起人的爱欲，但时间一长，便会让人厌倦。而那些拥有令人起敬的生活智慧的女人，才会让男人和女人崇敬，她们不会随着年龄的增长而魅力衰减。

女人比男人更需要智慧，因为她们的外表是那么柔软，智慧是女人的贴身铠甲，救了自身才可以救别人。

可以说，智慧是可以放大女人的生命的，同时可以无形之中提升一个女人的魅力，有头脑的女人就像被放了防腐剂，无论时间多久，你都能品到她的香气；而没有内涵的女人，经过一段时间与氧气的接触和氧化，她就失去了原有的光泽，变得模糊腐烂，发出讨厌的气味。

才貌双全的女子可谓是凤毛麟角，但是才貌双全也是把"才"放到了"貌"的前面，说明了在很多人眼中，有内涵胜于有美貌。漂亮的女人如果是一块宝石的话，那么，聪明智慧的女人就像是宝藏，让你永远有挖不完的惊喜。所以说，女人在任何时候，都要学会增长自我智慧。

凌峰说："女人要在青春递减的时候，递增智慧。"其实，女人的青春和智慧都是要投资的，因为青春是短暂的，而持久的依赖关系是脆弱不可靠的。所以，女人最重要的是投资自己的智慧，并且学会用智慧去构建属于自己的事业大厦和美好人生。

当然了，要做一个智慧型女人，就是指要在年轻的时候，抓紧一切时间来学习，多读书，以充实自己的大脑，而不是花枝招展地像孔雀一样炫耀自己的年轻美丽。

智慧的女人，即便无出众的相貌，也不会自怨自艾，而是相信"上帝为你关上了一道门，就必定能为你打开一扇窗"，坚信自己拥有某一方面的优势，并为之努力。

智慧的女人面对消费时，永远是理智的，她们会对金钱的去向做出规划,投资储蓄,未雨绸缪,而不是被一时物质的满足而冲昏头脑。

智慧的女人从来不会甘心当一个家庭主妇,因为她们知道,一个没有独立经济来源的女性其实就等于失去了自尊。

> **· 魅力女人修炼法则**
>
> 绝大多数的男人并不欣赏那些整天忙于家务事的女人,一个勤快的保姆就可以把这一切做得很好。而一个智慧型的女人应该每天给自己腾出一些时间与空间用于充实自我,不断地开阔视野,学习各种新的知识或者技能,丰富自身的文化、艺术修养,这无疑是保持女性魅力的最佳途径,也是使自己活得充实和快乐的最有效途径。

2. 不做"挂历女",要做"名画女"

☆ 这个世界上最宝贵的东西,都是随着年代的久远才变得有价值,比如钻石、古董。身为女人,要努力让自己成为"名画",而非"挂历"。

☆ "名画"女人,虽然随着岁月的流逝会变得残旧,但却会因为那份韵味而变得价值连城;可"挂历"女人,虽然"今天"会被人看好,但到了"明天"就会变得毫无价值,被人随意丢弃。

☆ 你是"名画",还是"挂历",关键在于你是否懂得经营自己,能否让人生不断地增值。

☆一个女人,懂得经营工作、经营爱情、经营婚姻都不算什么,懂得经营自己才算是本事。

懂得经营自我,是智慧女人首先要做的一条,也是提升自我魅力的第一法则。对于女人来说,没有比这更重要的事了,它直接决定着你是

一幅"名画"还是一张"挂历"。其实，每个女人的人生都是经营的结果，你想拥有什么样的人生，主要取决于你今天用什么样的态度和方式去经营它。

香奈儿说：女人这一生最大的事情就是经营自己。如果没有这个意识，随着岁月的流逝你就很快会贬值被替代被丢弃。

经营好自己，就是有自己的追求、梦想，将自己塑造成一个美丽、优雅、独立的魅力女人！

懂得经营自己的女人，即便几经易手之后还会像苏富比拍卖行的"名画"一样而不断地升值。当别的女人为男人争风吃醋的时候，她却能够泰然自若地戴着长长的珍珠项链，穿着漂亮的衣服，坐在咖啡厅安享属于自己的美好时光！当"挂历"女人被男人抛弃并伤心难过地抱怨"凭什么他丢下我去找她，她比我强在哪儿啊"的时候，她却被万千男人围着、宠着，并泰然自若地独自安坐品味着爱情所带来的欢畅感。

奥德拉是一位受人欢迎的魅力女性，无论走到哪里，都会被人围着、宠着。她一生最大的资本就是懂得如何去经营自己。

在年轻的时候，她便经常读书，充实自己的头脑，提升自我修养。同时，她还经常到一些俱乐部，去学习那些成功人士与他人相处的艺术。

结婚后，她的另一半是个极为成功的人，但没有情人，一生都没有传过绯闻，只对奥德拉情有独钟。在此期间，奥德拉更没有放松自己，她学会了如何打高尔夫，学会了评鉴美酒，学会了温柔地聆听，学会了表达自己的意见，学会了摄影，学会了舞蹈，学会了让自己更为高贵美丽，学会了经营自己的事业。

她不取悦男人，但男人喜欢她。她不是情人，却叫人难忘。她经常说的一句话便是："女人，若懂得经营自己，情人，也会输给你。"

有人曾问她说："你老公身边都是成功女人，有钱有貌，你不担心被甩吗?"

"他本身就不是你的，担心有用吗？我最近极力说服他帮我办画展，让我在画家圈中找到属于自己的位置。我们俩虽然在一起半年了，但是无论吃饭，还是出去逛街，大部分的支出都是 AA 制的。对于一个女人来说，没有什么比才气更重要的事情，那才是真正的无价之宝！"奥德拉这样回答。

显然，奥德拉是智慧的，她始终明白自己想要什么。所以，即便有一天，她失去了爱情，但不断递增的"才气"仍旧会让她光芒四射，焕发出别样的精彩。

很多女人在年轻的时候，总觉得爱情和婚姻才是自己的全部，抓住一张"长期饭票"要比自己辛苦打拼事业来得省事得多。但你要知道，能白头偕老的婚姻已成为一种"神话"，女人拥有和能拴牢一张"长期饭票"的概率也越来越低。当你的婚姻破碎了，你也会犹如一张过时的"挂历"般，被人随意丢弃。所以，当下，女人最安全的活法，就是尽早开始经营自己，为没有依赖的日子做好准备，这样你的命运便会被自己牢牢地抓在手中。

无论岁月如何流逝，懂得经营自己的女人其阅历和智慧都在不断地升值，其人生也会犹如一幅"名画"般不断地增值。

要为自己的人生增值，做"名画"女人，那么就从现在开始做起。

1. 弄清自己的位置，并开始给自己定位。

你要清楚自己当下所处的位置，要弄清楚自己真正爱的事业是什么，也就是说，要明白自己的能力、兴趣和性格，弄明白自己要干什么，清楚自己的人生方向是什么。

一旦你与自己感兴趣的事情接触，那么，生命便会充实并精彩纷呈。人生有了目标，剩下的便是不断地向它靠近。

2. 重建"企图心"，提升"自信心"。

你若要靠近目标，竞争和搏击便不可避免。这个时候，你就要坚定自己的意志。千万不要觉得自己是女人，觉得自己很可怜，装柔弱或轻

易落泪，那只会破坏你的形象。在面对你的目标时，你若总是表现出弱者姿态，就注定和成功无缘。

从重建"企图心"及"自信心"开始，学习正确评估自己，这是你走向成功的第一步。

3. 提升自我竞争力。

其实，女人最容易在生孩子后放弃自己。有人说："女性主要是为人妻、为人母、为人友，谨慎、小心，跟经营家庭一样，难免谨小慎微，这时候就束缚了自己的手脚。"女人固然要有这样的阶段和角色定位，但这并非是阻碍我们前进的绊脚石。相反，要学会把它当成提升自我的契机。休产假时，你可以发展自己的兴趣，或者重塑平时没有太多时间关照的良好家庭关系。孩子的一举一动，对你的事业未尝没有一些启发，只要你能利用自身的特质，你会比男人还有优势。

记住，你现在是谁不重要，重要的是你将来是谁。了解自己，打造自己，无论在职场还是在家中，都要不断提升自我价值，让自己慢慢成为一幅价值连城的"名画"！

- **魅力女人修炼法则**

1. 一个女人之所以输掉爱情，往往是因为不懂得经营自己。

2. 女人从来不替自己的未来生活做打算是很危险的事。

3. "脑袋"决定你的"口袋"，你口袋里的自由，决定了你一生的幸福，也决定你脸上的笑容和内心的快乐。

4. 学习精打细算，为未来做准备。只有不甘于贫穷，才能拥有真正的自由。

3. 长得漂亮是优势，活得漂亮是本事

☆ 苏岑说过，上帝是公平的，给予每个人的都是一点点，也许是美貌，也许是智慧，也许是口才，也许是胆量……说到底，就是要你凭着这一点点去博取整个人生的精彩!

☆ 当一个女人把爱情当作人生的奢侈品，有，最好，没有也能活的时候，她就得到了人生的真谛，就不会再为那流逝的爱情而整日泪水涟涟。女人，与其抱怨生活，不如自己先活出精彩来。

☆ 无论什么时候，渊博的知识、良好的修养、文明的举止、优雅的谈吐，以及一颗充满爱心的心灵，一定可以让一个女人活得足够漂亮，哪怕她本身长得不够漂亮。

☆ 活得漂亮，就是要活出一种精神、一种品位、一份至真至性的精彩来。

☆ 一个女人只要不自弃，便没有人可以阻碍你成为魅力女人。

多数女人是没有沉鱼落雁之美貌的，但这并不是说这样的女人没有魅力。外在的东西是父母给的，谁都没办法改变。外在美固然是女人的一个先天优势，但要成为魅力女人，一定要先活得漂亮、活得滋润，才能使自己平凡的人生变得不平凡。

一位哲人说，以自己的本色活着是对生命的最大尊重，这既是一种追求亦是一种生命的美好姿态。其实这是告诉女人，要活得漂亮，首先要以自己的本色活着，不委屈、不强求自己。同时也要懂得自己才是自己的主人，要为自己而活，自己得是生活和命运的主角，要拥有独立把握生活的能力，不依附于外在的环境或他人而快乐地活着，这样的女人无论在什么时候，身上都会散发出迷人的风采。

《女人帮》中有一个经典的桥段，颇值得人玩味:一群女人在酒吧

发表感慨说，20多岁的女人像足球，周围有20个人追着跑；30岁的女人像篮球，周围只有10个人围着转；40岁的女人像乒乓球，两个人之间推来推去；50岁的女人像高尔夫，打得越远越好。可见，女人越老越招人嫌啊！

听到这话，坐在一旁的魅力女人青霞突然发话了，说："女人呢，不是要男人抢来抢去的，最重要的懂得爱自己，就算是球，也得是地球。不管有没有人抢，她都应有条不紊地自转。女人真是有本事，就该把自己变成太阳，让整个银河系都围着你转，你就只管发热发光，照亮整个宇宙。这才是真正有魅力的女人。"

一个女人，可以为"爱"而活，但在生活中，女人面对的最重要的问题并不是"爱"和"男人"。唯有依自己的方式活出全新的自己，才能反过来让"爱"和"男人"围着你来转。

长得漂亮是优势，活得漂亮才是本事。正如苏岑所说，女人不仅需要依靠美貌游走这个世界，需要运用更多的智慧。用一颗慧心博一个大人生，让整个世界向你低头称赞！

身为女人，如何才能活出漂亮来呢？

一定要明白自己要什么并努力去追求，包括你爱的男人。

在任何时候，都不要为一个负心汉而伤心，你要懂得，伤心，终究伤的是自己的心。如果那个男人是无情无义的，你更伤不到他的心，所以，收拾好悲伤，好好地生活。

永远不要做"黏人糖"，不要无休止地围着你的那个"他"转，尽管你喜欢他快要掏心掏肺得死掉，也要学着给对方留一个空间，否则，小心缠得太紧，只会让你们的感情因为缺氧而死。

当一个男人对你说：分手吧，请不要哭泣，尤其是当着他的面，而是应该笑着说：等你说这句话很久了，然后转身走掉。

永远要相信自己，善待自己，要让自己的生活呈现出缤纷的色彩来，不要认为这是要让某个人后悔，而是为了让自己的人生更精彩。

每天打扮得优雅从容出门，出门前要对着镜子微笑，然后开始描绘新一天的精彩。

你可以义无反顾地去爱，但请不要把自己的全部都赔进去。没有任何一个男人值得你用生命去讨好。你若不爱自己，怎么能让别人去爱你呢？

对那些善意欣赏或爱慕你的男子，即便是想拒绝，也要报以浅浅的微笑。

如果可以，最好不要抽烟、喝酒，那不仅会毁了你的优雅，也会让的健康受损。

再郁闷也最好不要去泡酒，一个孤独的女子手握高脚杯或者抽烟，会平添许多落寞与忧伤。

不要贪慕虚荣，它是一剂毒药，而且还会上瘾，有可能会吞噬你生活中所有的美好。

认真且努力地对待你的工作。它也许不会像美好的爱情般给你带来心跳和惊喜，但至少它能保证你即便在失去爱的时候，还能有饭吃，有房子住。

要结交几个"死党"，即便是你独自一个人的时候，保证还能有他们来为你端茶送水，陪你聊天，排遣寂寞和孤独。

选择爱人时要宁缺毋滥，千万不要因为寂寞而随手抓一个男人，这样是对自己人生的不负责，也是对对方的不公平。

选择适合自己的人生伴侣，如果发现选错了，要立即分开。千万不要凑合过日子，那样只会害了两个人。

利用闲暇时间，外出旅游，那会开阔你的心胸和眼界，也能让你的心灵更为充实。

养成喝下午茶、阅读书本和听音乐的习惯。

平时穿戴适合自己的衣服、饰物，不夸张，不招摇。要知道，适合自己的才是最好的，不必羡慕别人。

偶尔在家中做美味私房菜给朋友或者家人吃，但不要天天做。身为女人，不要把自我价值放在厨房里。

孤单的时候找好姐妹聊天、逛街、吃饭，或做美容，不要让孤寂淹没自己。

要有属于自己的固定消遣场所，如固定的咖啡馆、书店。让那个地方的服务生认识你，这样，你就会在孤单的时候有个温暖的去处。

女人，或许你长得不够漂亮，但如果能依自己的方式活出鲜亮，也能让自己散发出魅力的韵味来。

· 魅力女人修炼法则

1. 活得漂亮，就要能够独立、自信。

2. 对人生有个非常明确的目标，不要成为依靠他人施舍而活的人，而要成为有实力的人，当然不是让你成为很富有的人，只要能够在一定的条件下满足或达到自己的心愿，能够活得充实、滋润就可以了。

4. 拿出"强者"姿态，丑女也能生出几分性感来

☆ 身边有些女人越来越俏，是因为她们拥有"强者"的姿态。岁月，带给庸者的仅仅是发皱的皮肤，但对于智者，却另外附赠一份积淀的魅力。

☆ 只有经过岁月雕刻的强姿态女人，才会拥有真正的美丽和智慧，才会生成自己独具的内在气质和修养，才会拥有自信，才会拥有岁月遮盖不住的美丽。那是从内到外统一的和谐之气韵，也是令岁月也无可奈何的美丽。

☆ 女人若能把自己怕老的心情，转化为用各种知识来武装自己的激情，成熟的风韵便会在你的身上显露出来。此时的你，恰如枝头圆润的果实，散发出诱人的甜香。

有人说,每个女人其实都有前、后两个花园。她们的前花园门前都挂着"美貌无敌"的招牌,后花园的门口则挂着"过了青春的村,还有美女的店"的标识。只可惜多数女人只痴迷于在前花园流连,随着岁月的流逝,留给她们的仅是发皱的皮肤、枯黄的生命;而仅有少数女人会进入后花园,不断地提升自我,让自己不断地成长,时时以"强者"的姿态缔造"强者"的命运。在 20 岁,她们因为青春而盛开;在 30 岁,她们会因为自信而绽放;在 40 岁,她们会因为丰盈而怒放;在 50 岁,她们会因为生命的充实丰盛而充满魅力。也就是说,拥有"强者"姿态的女人,内外兼修,风韵无敌。

其实,一个女人如果有了强者的姿态,即便丑陋,也能生出几分性感来,也能让她随着岁月的流逝,焕发出强大的魅力来!

美国著名的脱口秀女主持奥普拉·温弗瑞本不是个美女。按道理说,像她这样长相的女人要上电视做主持几乎是不可能的事,更别说要出名了,但奥普拉偏不这样想,并以百倍的自信去搏击自己的命运。

在通往成功的路上,她不断地与贫穷、肥胖、事业挫折等问题抗争,最终摘取了累累的硕果:通过控股哈普娱乐集团的股份,掌握了超过 10 亿美元的个人财富;主持的电视谈话节目《奥普拉脱口秀》,平均每周吸引 3300 万名观众,并连续 16 年排在同类节目的首位。如今的她已成为世界上最具影响力的妇女之一。

她说,每个女人都应该听从"内心的呼唤",只有一个相信自己的女人才能成为生活和事业上的强者。"如果你相信自己有朝一日可以当上总统,也许有一天你就能如愿。"

如今的她已经 50 出头,但人们看到的依然是魅力四射的她。据说因为她很多女性甚至盼着能早点儿到 50 岁,好借此获得奥普拉一样的魅力。当然,拥有这样的魅力不只是靠年龄,而是不断搏击命运的强势姿态。

奥普拉用自己的言行告诉女人一个道理:只有强势的女人,才能拥

有强势的命运！那种王者般的自信和激情是令全世界男性甚至女性为之倾倒的魅力！

由此可见，相貌，对弱势的女人是个难题，而对强势的女人，不是问题。女人最先衰老的从来都不是容貌，而是那不顾一切的闯劲。

拥有强者姿态的女人，其最大的特点便是不断追求自我成长。杨澜曾经说过一段话："每个人都在成长，这种成长是一个不断发展的动态过程。我们虽然再努力也成为不了刘翔，但我们仍然能享受奔跑。"一个不断追求自我成长的女人总是不可捉摸的，她浑身永远都激荡着新鲜感，让周围的人尝不到乏味感和空洞感。这样的女人即便相貌丑陋，也亦是最有魅力的。

很多女人都在追求物质财富，而强女人却在追求自我成长。其实，当你走过一段历程后，就会发现，当一个人内心强大、修养足够时，获得财富也只是顺带的事，成功只是优秀的附产物！所以，要做魅力女人，从现在开始提升自我价值，让自己变得不可替代吧！

女人的成长要比赚更多的钱更重要！

女人的成熟比成功更重要！

踮起脚尖，挺起胸脯，你将能焕发出强大的魅力！

> **· 魅力女人修炼法则**
>
> 女人拥有强者姿态必须训练的 6 个素质：1. 有肚量去容忍那些不能改变的事。2. 有毅力去改变那些可能改变的事。3. 有能力去发现那些可有可无的事。4. 有智慧去分辨那些非此即彼的事。5. 有恒心去完成那些看似无望的事。6. 有勇气去面对那些已经做错的事。

5. 愚者选择"点"生活，智者画出"圆"人生

☆ 你所从事的每一份工作都是一个荷包蛋，是有营养的，一定要把它吃透了并吸收掉，如此才能让你的生命丰盈无比。

☆ 人生是一个圆，爱是圆心，事业是半径，画出的圆无论大小，只要圆满就好。没有半径，生活只是一个"点"，你也只能在原地打转。

☆ 一个女人要想给自己的心灵一点儿空间，给自己一个方向，给生活一份希望，就应当拥有自己的事业并努力用它"画"出圆满的人生。

☆ 拥有了足够的经济能力，生命才有活力，才能实现自我梦想。女人争取财务独立，其实并不是在争取主权，而是在激活自己的生命，丰富自己的人生。

不可否认，多数女人在年轻的时候，都愿意选择过"点"式的生活。无论是对待工作还是对待婚姻，她们总喜欢将"自我"稳固地安放在一个地方，寻常度日，蹉跎岁月。

找工作，她们宁愿找一个压力小的、稳定的、清闲的工作，即便是赚得少、升值空间小、发展机会少。可惜，面对这样的女孩，用人单位里即便有一个清闲的空缺岗位，也不会录用她。因为缺乏事业心，不懂得学习和挑战自己的人，再简单的工作也难干好。

她们的年龄都在 25 岁以下，有些确实形象可人，但是，她们的未来将会麻烦，甚至会拥有一个悲惨的后半生。

在最能吃苦的时候，她们却寻求了安逸，在最能学习的时候，她们谈了恋爱，她们的计划是 28 岁左右结婚生子，所以，她们生活的重心是打扮、交友，永远在自我的小圈子里打转。当然了，享受青春快乐的时光，也是最吸引她们的，即便为此请假、辞职，也从不当回事。

　　自然，她们在适当的年纪，如愿地嫁了一个潜力股老公。为了生孩子，她们便辞职回家：煮饭、洗衣、带孩子。

　　全家的经济重担落到了老公的身上，老公在事业上不断地努力和学习，素质也不断地提升，职位和收入也提升了。

　　于是，两人的距离渐渐地拉开，两人便没了共同语言。吵架，对于一对幸福的夫妇是打情骂俏，而对于冷漠的夫妇，是想打破麻木。打破了麻木，往往是厌烦，彻底的厌恶。

　　两个人社会生活角色的不同，拉开了两者的距离。这种距离感，造成了共同语言的减少，女人当初吸引男人的魅力，已荡然无存。而家长里短的女人，因为环境的限制，变得跋扈和神经质起来，并不断地骚扰着男人，一直到男人真的有了外遇。一个在恐惧和惶惶中生活的女人，怀着自卑，开始像"克格勃"一样谨小慎微地观察老公的一举一动，多么可怜的景象，即便她发现了什么，又能怎样？

　　其悲惨的生活在选择"点"式生活的时候，就已经开始了。这个时候，她将在寂寞中老去，她将与家务为伴，与电视为伴，如果精力旺盛，她还会与家长里短为伴。当然，她们感受不到任何的快乐。没有了老公的爱，一切都变得无意义，如果离婚，自己只会陷入绝境，因为老公和家庭是她的全部。

　　年轻时选择"点"式生活的女人，因为没有事业，也没有学习，生活会变得越来越悲惨。而有事业的女人，则会不断地丰富自己，爱情不是她生活的全部，她和男人有太多的共同语言。婚姻对于她，是事业腾飞的加油站，是爱情臻于成熟和完美的新起点。

　　有事业的女人，是自信而美丽的。她们无论丈夫能挣多少钱，都会依据自我爱好，构筑自己的梦想，拥有自己安身立命的事业，有独立的经济来源，她们从自立中获得了自信，从自信中获得了真正的美丽和魅力。

　　这样的智慧女人，总能在工作中体会到工作带给自己的乐趣，因为努力，所以总能受到领导的赏识。实现社会价值，对她们来说是极为重要的事情。她每天早晨穿着职业装、蹬着长筒靴趾高气扬地在人流中穿梭，总觉得自己像一面迎风飘扬的旗帜，总能赢得别人赞叹的目光。

在男人眼中，这样的女人也是充满吸引力的，她们才情横溢，与她们生活，乐趣是难以言表的，她们或许不是花瓶般的绚丽，但却会让你静，让你甜，让你乐，让你敬。

在家庭中，有事业的女人总能随时随地找出"自我"，她们能恰到好处地处理好各种关系与自己的各项事务，总能守护住自己那个可爱的自我，总是能遵循自己并按自己制定的生命路线去生活。这样的女人固然没有温室花朵娇艳的外表，但她一定是一株站在山间临风摇曳的野花，在风雨霜露之中，总是披着墨绿色的外衣，顶着朝阳，并用美丽的心情，迎着凉爽的秋风唱着属于自己的歌。

诗人 Mary Oliver 这样问我们："告诉我，你打算如何对待你仅此一次的自由而珍贵的生命？"去吧，去以"自我"我圆心，以事业为半径，画出自己圆满的人生吧。待自己的梦想成真后，再用你的精彩故事给我们做个示范，告诉世界、告诉所有的人，也告诉自己，什么叫作"不枉此生"。

做魅力女人，就要拒绝选择"点"式生活，要用事业为半径画出圆满的人生。

· 魅力女人修炼法则

1. 能够画出"圆"·人生的女人，首先要有属于自己的独立的"梦想"。这个梦想不能依附于任何人，它要完完全全属于你自己。跟你的家庭成员毫无关系，这样即便他们不在，你也可以靠这个希望坚实地走下去。

2. 女人为家庭牺牲无可厚非，但不要总把自己封闭在家里做这做那，却从没想过为自己做点什么。要懂得为自己腾出时间和空间来，到自己喜欢的地方做一些自己喜欢的事。爱好不仅可以让你永葆快乐，而且还会增添你的魅力。

6. "性感"是道门槛，没能力的女人无权入内

☆ 苏岑说，性感是一种极为深厚的底蕴，是种很有张力的特质，没有能力的女人，就没有那种自信来驾驭性感！

☆ 一个女人被夸漂亮是寻常，被夸性感是荣誉。漂亮女人在任何时候总是抵不过性感女人的魅力。

☆ 性感不是肉感，它不在于你肢体暴露得多少，性感是一种文化沉淀出来的气质，让人回味，让人欣赏。

☆ 能力是一个女人最极致的性感，它能让任何一个女人不费吹灰之力便可以将周遭无数人的目光攫取于囊中。

要修炼成魅力女人，适时适当地显露自己的性感是一个不可或缺的方法。但是，"性感"却是一道门槛，它能将没能力的女人挡在门外。就是说，能力是一种能量，女人的性感需要靠这种能量去维系和支撑，无能力的女人，无论有多么美丽的容颜，都因为缺乏内在的自信而无法驾驭性感。

看到"性感"二字，多数女人可能会肤浅地认为，显露性感的第一步不是肢体的暴露嘛，衣服只要穿得少一点，就可以成为性感女人了。其实不然，肢体的暴露只能让你变得艳俗，性感是女人骨子里散发出来的一种气质，让人看不透、摸不着，却能让人心痒难耐想与之接近，即便学习也需要经过阅历和磨炼。女人有无性感，与自身的能力密切相关。

有能力的女人，只需将头发随便一系，也能散发出性感的味道，而无能力的女人，即便是花枝招展，也毫无性感可言。可以说，性感是一个人品位和修养的综合体现。有能力的女人，无须故做妖媚，无须投怀送抱，也许只一个灿烂的笑容，也许只是一个淡淡的凝望，她的性感便可能将你融化，她的性感就会悄悄地走进你的心里。

有一部叫《婚礼前夜，那撕裂下的伤》的电影，讲的是一个男人在婚礼的前夜，与前女友的偶然际遇。曾经，这个贪心且忘恩负义的男人，放弃了这个肯为他默默承受痛苦，承担责任的女人，进而爱上了如今这个高贵如公主般的新娘。但是，就在婚礼的前一夜，他才发现：新娘的婚纱设计师竟然是自己的这个前女友。

这个如静莲般的女子，如今却要为这个曾经抛弃过她的男人装扮出一个最靓丽无比的新娘。

也就是在这一刻，这个男人的心开始不由自主地摇曳，因为，在婚纱设计室中，这个涉世未深的女人，在工作状态中所散发出来的淡定、认真和自信的气质，让他体会到了一种前所未有的性感。

……

故事有些哀伤，但也是生活中极为寻常的一些情事。一个男人会因为对一个女人的熟悉而说分手，因为这个为他付出了全部、牺牲了所有的女人，在他眼里毫无任何性感魅力而言。但时过境迁，那个曾经被他甩掉的女人，忽然以一种自信能干的形象再次出现在他的面前时，这个男人悔断了肠子：怎么会呢？我竟然将最难能可贵的金镶玉弄丢了。多年后，他再次惊艳于前女友的性感，那种由内而外散发出来的迷人味道，主要源于她的能力。这样一个让前男友"恨晚"的性感女人，终究会有一个美好的明天。

由此可见，性感是一道"门槛"，只有有能力的女人才能使它散发到极致！一个有能力的女人，无论思考、语调，一举手一投足都更具自信和更具感染力。而一个无能力的女人，便没有那份自信来驾驭性感。

所以，要成为魅力场上的大赢家，从现在开始给自己多些自信的能力吧！那种对工作专注的眼神与美好的仪态是展露你性感的最有效的方法。一位公司的女主管，她的身材略显高大，穿着也极为沉闷严肃，外形也不怎么出色，不过每当她非常专注而又自信地向客户讲述她的提案，说得在场的人都频频向她点头时，她就浑身散发出致命的吸引力。

苏岑也说，独立自信不是女人向男人宣战，仅仅是一种尊重自我。一个天天靠拴住男人乞求爱恋的女人永远不会是魅力场上的赢家。女人的性感，是一种能力，是对自己、对他人的把控能力。这样的女人拥有足够的底蕴和自信驾驭起性感，尤其是那份不动声色的淡定气质，那种说不清、道不明的女人味儿，像暗香浮动，触人心怀。

生活中，多数女人都希望自己能有张漂亮的脸蛋，并靠这张脸蛋去获取异性的垂青和宠溺。但是那张漂亮的脸蛋却缺乏性感的气质，主要是因为她们爱扮娇弱，总希望男人能张开翅膀为自己遮风挡雨。不可否认，这样的女人可以激发起男人的保护欲，但这只不过是美在一时。没有能力去驾驭性感的女人，终究与魅力无缘。所以，修炼自我魅力，先从提升自我能力开始吧！

• 魅力女人修炼法则

1. 适度地露肤，露出自己最美好的一部分，也是女人制造性感的撒手锏，但是，裸露并不一定意味着性感，有时候，一缕若有若无的香肩，一抹自信的微笑，一个神采飞扬的侧面，都可以让人体验到性感的魅力。

2. 你如果是个外表温文尔雅的女子，想要一份性感，那么就涵养一份内心的野性和狂热，一样让你充满刺激和神秘。你可以无羁无绊任性而为，可冒险尝试新事物，幻想并随时准备为实现梦想付出而在所不惜，勇敢上阵。

3. 性感的女人拥有健康的身心，拥有愉悦的心情，无论你拥有多么性感的身材，多么迷人的容貌，但是，如果你天天垂头丧气，无论如何也散发不出迷人的气质来。唯有心情愉快，一脸朝气与活力，才能给人一种美好的享受，才能让人感觉到你最真实率真的性感。

7. 魅力从来都与"酸菜女"无缘

☆ 一个女人,无论是脸蛋还是内心,假如只剩下鲜艳的颜色,而无蓬勃的生命力和涵养,这样的女人,注定与魅力无缘!

☆ 每个女人都希望自己能像"酸菜"一般,以过多的"盐渍"让自己鲜艳的外表能无休止地延续下去,但却忘记祛除内在的尖酸刻薄,让她无任何美感可言。

☆ 对于女人而言,有一张"酸菜"般的外表还不是最可怕的,最可怕的是有一颗"酸菜"般的心——看似鲜活朝气,实则只是一具有色彩的干尸!

要提升自我魅力,就要拒绝做"酸菜女":表面光鲜靓丽,色彩诱人,让人垂涎三尺,内在却处处散发着酸腐的气味,尖酸刺鼻,让人反胃。这样的女人,就算外表再美丽,也无任何美感可言。

一家咖啡厅中,有两位打扮入时、相貌漂亮的中年女人在肆无忌惮评论一个携外籍男友埋单离去的女孩子:

"她的腿那么短,看来是不能穿长筒鞋子了,不然鞋穿上去还不要碰到屁股了。"

"是啊,人长得那么肥胖,水桶腰,怎么还找了外籍呢?难道外籍都喜欢胖的吗?

"可能吧!你是不知道,老外都喜欢'重口味'的女人!"

……

说完,两人便无所顾忌地哈哈大笑了起来,邻桌的一位风度翩翩的男士看到了,说了句:"她们的行为彻底将她们的容貌毁掉了!"

一个女人,如果单有漂亮的外表,而拥有尖酸刻薄的内在,那她一切的美感都会消失得无影无踪。她的手中也只剩下陈腐的酸味，将会让周围的每个人都感到厌烦。

"酸菜女"正是因为里面烂了，外面才生出浮躁、脆弱、狭隘、偏激，然后就刻薄。所以，要想做有魅力的女人，就先提升内在，让自己多一点宽容、少一些褊狭，和颜悦色地谈天论地，心平气和地做人做事，这样才能散发出吸引力。

现实生活中，类似于"酸菜女"的刻薄声音总是充斥于我们的耳边：

当朋友买的房子被人夸赞时，刻薄的女人则会撂下一句冷冷的话："你那房子除了地段好也没有什么优点了。"

当女同事的老公出差给其买回一件漂亮的衣服时，她会带着嘲笑的口吻说："你老公眼光怎么这么差呀，竟给你买这种衣服！"

在大街上，看到时尚的女性背了个名牌包包，她会不屑地冷语："跟你说了别买这种水货牌子的包包了，要买就买好点儿的。"

"酸菜女"的尖酸刻薄，表面上是不屑、攻击，实际上是自慰！她们是故意夸张别人的"坏"，其实也是心胸太过狭窄，适应不了别人的"好"。所以，从现在开始，请远离刻薄吧！它是一种损人不利己，烦人自扰的行为。

张爱玲说："一个饱读诗书的女人，她会抛掉嫉妒、刻薄、憎恨，让自己的心中拥有更多的爱。"这告诉我们，一个有魅力的女人，内心一定是充满爱的，是善良的，是宽容的。一位哲学家说："一只脚踩扁了紫罗兰，它却把花香的味道留在了脚上。"这就是宽恕的魅力。可许多女人只是随着岁月徒长了年岁，却没有增长任何与其年岁相称的成熟，实在是一件令人遗憾的事！

所以，要做魅力女人，请拒绝做尖酸刻薄的"酸菜女"。

· 魅力女人修炼法则

拒做"酸菜女"，要努力做到以下几点。

1. 三思而后行，就是告诉我们在说话、做事之前最好先想一想，掂量掂量：说出之后有什么效果，更重要的一点是，会不会伤人。

2. 学会保持沉默。一般情况下，言语尖酸刻薄的人往往都是一些多嘴多舌的人，而"言多必失"是亘古不变的道理。所以，保持沉默是克服言语尖酸刻薄的一个好办法。

3. 加强自身的知识和修养，这是极为关键的一点。其实，一个人只要眼界宽了、境界高了、知识丰富了，她也就变得更加宽容、善良了，不再以出语伤人为乐，不再把刻薄当成自己的本事。

8. 将"思想"装进头脑，你能颠覆全世界

☆ 漂亮固然是女人的一种资本，但如果缺失思想，那么其一旦过了保鲜期，亦不会再迷人，不再被人欣赏。

☆ 果戈理说："美会产生奇迹。一切精神的缺陷在一个美人身上不但不引起厌恶，反而会特别动人，恶习在她们身上也会显得高雅。可是一旦人老珠黄，女人就得比男人聪明20倍才能引起别人的尊重，如果不能引起爱慕的话。"可见，美丽最容易让人动情，美可以创造出奇迹来。如果说美丽是天生的资源，同时也是"不可持续发展"的资源。

☆ 将"思想"装进头脑，你便能颠覆全世界！思想，赋予女人的是美丽和灵性，就是说，它可以滋养出"活色生香"的美女。

提升自我魅力，就要做一个底蕴十足的"思想"女人。只要你头脑中装有"思想"，你将能焕发出颠覆全世界的魅力。

生活中，我们经常会遇到这样一种女人：她们并不漂亮，但看上去却很舒服。她们有着为人母的慈爱、为人妻的贤淑、为人友的识大体。一举一动里都透出涵养、聪慧与贤达。这是一种有韵味的思想女人。这样的女人，因为内在思想的底蕴十足，其举手投足间都散发出"耐人寻味"的魔力，她们有智慧、有灵气、有修养，暗香浮动，让男人心生爱怜。

身为一个女人，若单单只有美丽的外表，不过只是个空壳。若没有思想，其眼神是呆滞的，语言是空洞的，美丽也只是苍白的。而有思想的女人，才是最美丽的，在她们的身上，到处都闪现着睿智的光芒散发着耐人寻味的气韵。

《源氏物语》里的花散里是一个无背景、无美貌、不娇媚，也并不聪明可爱的平凡女子，却能成为源氏夏宫之主，让源氏宠爱一生，这与她拥有深厚的思想底蕴不无关系。

在当时的源氏六条院中，春之宫中有紫姬，貌若天仙，颇得源氏之意；秋之宫中住着的秋好皇后，乃源氏养女，有很硬的背景；冬之宫中的明石姬，秀美聪慧，并诞有子嗣，颇有威望。与这些"大人物"相比，花散里是再平凡不过的，她年纪稍长，相貌平平，但却陪源氏走到了最后。

花散里最吸引人的地方就在于她内在丰富的思想，这让她处处都闪耀着智慧的光辉：明事理、善解人意、雅静平和、宽容大气。她对源氏始终都保持着从容的态度，在源氏不需要的时候，她会果断离开。当源氏需要时，她会张开双臂给予无私的爱。在搬进六条院不久，她就主动提出不与源氏同房。在诸多复杂的情况下，她始终都能保持平和，这让她获得了源氏的关爱和信任，成为源氏身边众多女人中最值得信赖的人，甚至曾经放心地将两个孩子先后交给花散里抚养。

在后来，源氏经常不经意间就会到夏宫找花散里，两人分榻而卧，彻夜长谈。这里是唯一一个能让源氏无所顾忌地畅所欲言的地方，花散里也是仅仅说说话就能让源氏安心放松的唯一人选。

由此可见，女人头脑中的"思想"可以打败美貌、地位、秀美等，具有颠覆世界的"威力"。有思想的女人，给人的灵魂抚慰与愉悦，她们能够始终如一地保持自我，不会在复杂的环境中迷失、沉沦。她们从不苛求完美，能默默地用一份沉静的美与安然的平和去守住自己的爱人，握住自己的幸福。

就像花散里一样的有思想的女人永远不会趋众，在任何时候都能保持着冷静的头脑。她们有知识有文化，了解社会动态与知识走向，与男人永远有着聊不完的新鲜话题。她们有修养，懂礼貌，对人总是和蔼可亲。为人处世从不妄断，总会拿事实来说服他人，这样的女人，也是男人最得力的助手。

有思想的女人有完整独立的人格，对事物都有着独到的见解，让人心生敬佩。在经济上，她们不依靠男人；在精神世界里，她们也不是某个男人的附属品。同时，她们懂得通过交友、读书、旅游、锻炼、娱乐等活动充实自己的内心。她们懂感情，能珍惜，而且还善于经营生活。面对困难和挫折，她们从不找借口推脱，而是能勇于面对，积极改变。这样的女人是充满魅力的。

男人都喜欢有思想的女人，因为这样的女人有知识、有涵养，懂得人情世故而不媚俗，而对社会上的诱惑却有自己的原则和底线，在任何时候都能用思想规范自己的行为。可以说，思想使女人有另一种姿容，它比单纯的美丽更能穿透人的心灵世界，冲击男性的情感。

每个男人都不希望自己娶到的只是一个花瓶，他们欣赏有内在的女性。一个女人只有有了思想，也便明确了什么是"自立、自信、自强、自爱"，这样的女人充满了"耐人寻味"的魔力，更让男人牵挂、魂牵梦绕，并在心中暗自呵护、遥寄绮思。

人会老去，花容不再，而思想只会让女人随着阅历的丰富、经验的积累越来越精致、成熟。这样的女人，即便是孤苦无依地站在无人的街

头，她也清楚自己接下来去做什么，去追求什么。

总之，要提升自我魅力，就要做一个有思想的女人。因为有思想，所以有能力，因为有思想，所以有气质，因为有思想，所以有魅力，因为有思想，所以永远美丽。

> **· 魅力女人修炼法则**
>
> 要做一个有思想的女人，要从以下两点做起。
>
> 1. 丰富阅历，积累经验。
>
> 一个女人阅历越丰富，积累的经验越多，那么，她便有越高深的思想。所以，在平时生活中，女人要多多进行独立思考，从阅历中感悟生活，咀嚼和品味人生，让曾经的沧桑在心灵深处沉淀出美好来。
>
> 2. 多读书，勤学习。
>
> 书籍是女人最好的化妆品，它可以让女人获取知识，增长才干，同时也可以提升女人的人生境界，深化女人的思想，可以使女人变得睿智，更从容地面对生活。

9. 神秘感，任谁也抵挡不住的极致诱惑

☆ 曾子航说："女人要想长久地吸引男人，既不是靠惊人的美貌，也不是靠温顺的性格和不凡的才气，而是一种特殊的味道，一种不一样的气质，一种与众不同的交际手腕，一种齿颊留香的品位。"

☆ 女人总是向往天长地久的爱情，尤其是有情人终成眷属之后，总想男人会让自己一成不变地幸福下去。可这种事的概率是极低的！婚姻中的男人变化很快，女人一定要有这样的思想准备：男人变，你也要变，唯有变才是这个世界上永恒的事情。只有在变化中，你才能拥有深不可测的神秘感，才能不断激发男人的征服欲，保持长久的吸引力。

要做魅力女人,保持一定的神秘感是极为重要的事情。女人的神秘感,是一种强大的吸引力,是任谁也抵挡不住的极致诱惑。

心理学上说,男人对于女人的爱皆源于好奇心,而这种好奇则源于女人的神秘:神秘的行踪、迷离的思想、迥异的身体特征等。这种好奇心会让人产生新鲜、奇特、深奥莫测等感性的体验,进而便会对之采取追逐、求爱等行为,以满足内在的好奇心。也就是说,男人追求女性,很大程度是因为他对其产生了好奇,一旦他的好奇心得到满足后,便会弃之如敝。

所以说,无论在热恋中的女人还是婚姻中的女人,要拥有长久的吸引力,一定要拥有一点神秘的感觉。

现实生活中,许多女人在与男人有了亲密关系后便不拘小节,裸露着身子在男人面前走来走去,或者在去卫生间时很自然地不关门,这些实际在男人心中都是太过直白的行为,将让女性自身的优雅打折。

要知道,男人都喜欢欲拒还迎、半遮半掩的女人,对于一个男人来说,最大的诱惑是神秘和不可知。如果一个女人让男人一眼便看透了,那便会在男人心中贬值,让男人大失探奇的胃口。

"狠"男作家曾子航曾有这样的爱情观点:男人大都喜欢有一定神秘感的女人;换言之,在男人面前若隐若现,跟男人若即若离,让男人看得见却摸不着更猜不透的女子最能吊起男人的胃口,激发男人的征服欲,也能长久保持她的吸引力。

一部被译作《阴谋》的法国老电影,里面有一个细节让人难忘。

男主人公是个冷酷无情的职业杀手,但是他在与被杀对象奥达丽接触时,却对她动了真感情,最终彻底拜倒在她的石榴裙下。其实,奥达丽本身并不漂亮,让这个冷酷的杀手动情的便是她身上颇具诱惑力的神秘感。

他们在第一次见面侃侃而谈时,奥达丽的视线总会不时地突然移开,陷入沉思,或者无意识地会移动一下位置,拉开与对方的距离,却

又在注意地听着。这些不经意的小动作增加了她的神秘感，也激发了这位职业杀手的好奇心。即便是第一次见面，她就给他留下了极为深刻的印象。接下来，男主人公便对她产生了第二次、第三次见面的欲望。她的那种若即若离的神秘状态就像一块磁石一般将杀手越吸越紧，直到最终将他彻底征服。

由此可见，女人的神秘感是任谁也抵挡不了的极致诱惑。女人要提升自我魅力，一定要学会保持一定的神秘感。正如曾子航所说："能让男人领略到雾里看花、云中望月的美感，一个每根肋骨都让男人摸得清楚的情人，可以提供他们安全感，但不会让他们产生朦胧的美感。女人要让男人心甘情愿把最好的东西献给她，就是要给他一段扑朔迷离的爱情。在得到与得不到之间，男人才会把最好的东西奉献出来。"可见，神秘感是女人握住人心的绝世法宝。

我们通常说某个女人神秘，并非不了解有关她的情况，而是指很难了解她的内心想法和她的动机。这样的女人，脸上的表情会变幻无穷，其总会显得极为无辜和迷茫，能让人产生一种雾里看花的朦胧之美。她们有捉摸不透的心思，让人欲罢不能。其实，每个男人都是好奇心十足的孩子，总想揭开罩在女人身上那层神秘的面纱，一探究竟。她们像诗一样的美丽，只能令人仰视、远观，没有哪个人会拒绝这样的女人。

曾子航说，要做神秘女人，同时，也要学会收放自如。她们不会像初恋少女那样追求"接天莲叶无穷碧，映日荷花别样红"的喧嚣和绚烂，反倒应该追求一种"众里寻他千百度，蓦然回首，那人却在灯火阑珊处"的宁静和神秘。她们亦不会像 20 岁的女孩那样飞蛾扑火地去追逐爱情，而是应该守株待兔地享受爱情，不应该再痴情地被男人伤害，而是懂得在任何时候都能淡定地保护自己。

在婚姻中，女人更要懂得保持一定的神秘感。一些相爱的夫妻当然会经常腻在一起，关系也较为亲密一些。但若一切变成习惯，即便最诚恳的人也会感到厌倦甚至想要逃跑。所以，作为女性来说，无论你的丈夫多么地了解你,你也应该保持一定的神秘感。

莎士比亚说:"她最满足的时候,是她感到最饥饿之时。"如果对方太过了解你,那你便失去了一定的吸引力,对方也不会再花心思去猜测你的内心。只有让他捉摸不透,才能让他一直注意你、关注你,不然他对你就像左手摸右手一般,毫无感觉。为此,女性在任何时候,都要学会保持一定的神秘感,让人永远不知道你内心的真实想法,这样的女人无论是在丈夫和情人眼里,还是在朋友眼里都是最有吸引力的。

> **· 魅力女人修炼法则**
>
> 1. 要提升神秘感,可以恰当地穿适合自己的黑色系衣服,以无限地激发男人的想象空间。
>
> 2. 偶尔独自一个人出去,但不要告诉他去哪儿、和谁去。同时,不主动打电话给他,他约你出去,你就说有别人约了。这样可以激发他的好奇心,你表现得越不在乎,他便会越在乎你。

10. 男人靠能力征服世界,女人靠自信征服男人

☆ 自信的女人,目光不会飘浮、游离,因为她知道内敛性情能产生最致命的诱惑。

☆ 在这个处处充满竞争的社会,男人不再是女人的主宰,女人也早已不是男人的附庸,那种自怨自艾、柔弱无助的女人已日渐失去市场。

☆ 苏岑说,男人眼中的"世界"是世界,女人的"世界"是男人。女人征服世界,其实是征服某个男人。女人要征服男人,拿下"世界",真正要靠的是除"美丽"外的自信的魅力。

对一个女人来说,美丽只是表象,自信却在骨子里。任何一个女人,只要名牌粉底一扫,都能成为一个"美人坯子"。当满街的美女扑

面而来，美丽自然贬值。看惯了花容月貌和黄金三围后，男人更注重的是女人脑袋里装的东西。而自信的女人，其头脑中充满了鲜活的思想和学识，其淡定的气韵和惊人的仪态，给男人以安慰和惊喜。

一个女人不是因为美丽而自信，而是因为自信而美丽。自信的女人不一定有倾城之貌，但一定有惊鸿之态，她的那一份优雅、那种沉稳，宁静的眼波，淡淡的妆容，清雅的笑容，永远散发出诱人的味道，似陈年佳酿，让男人陶醉，似品香茗，清淡，回味深远。自信的女人不会孤芳自赏，亦不会哗众取宠，她能以自己最饱满的热情，让整个世界都倾倒在她的魅力之下。男人靠能力征服世界，而女人靠自信征服男人。也就是说，自信是女人征服男人、拿下世界的拿手"本领"。生活中，那些丑女之所以能成功嫁得英俊且有能力的男人，靠的就是那份自信，最为典型的就是诸葛亮的丑老婆黄月英。

史书上说诸葛亮"身长八尺，容貌甚伟"，用现在的话讲就是：身材魁梧、相貌堂堂。加之他学问又大，人品又好，在当时可谓是"青年才俊"。

中国人历来就讲究"郎才女貌""英雄美女"，当时的小乔、貂蝉都是依靠绝世美貌成功嫁得了青年才俊周瑜与吕布。而丑女黄月英能成功嫁得有经天纬地之才的帅哥诸葛亮，凭的就是那份自信。

黄月英长得丑，而且奇丑无比：身体硕壮，皮肤粗黑，蓬头黄发。在当时，她的父亲黄承彦只是一位名士，家境也不算殷实。但她却一心想找一个仪表堂堂且有经天纬地之才的老公。尽管那些条件不错的，都曾经一度被她的长相吓跑，但却丝毫动摇不了她嫁好男人的决心。

后来，听说诸葛亮学识人品俱佳，黄月英就很倾慕他，于是托父亲主动提亲。

看到自己女儿如此自信，黄老先生自然信心满满，勇气十足。他对诸葛亮说：在这个世界上，我女儿是唯一能配得上你的女人，你也是唯一一个能配得上我女儿的男人！

帅哥诸葛亮自然纳闷：黄家女儿长得奇丑无比，话还能说得如此自信，想必这位女子该有不凡之处。几番接触下来，诸葛亮渐渐地发现，这位丑女很有才干：不仅对治政有几分见解，对兵器还颇有研究。这让诸葛亮喜出望外，原来自己捡了个"金镶玉"。

据说，他们夫妇婚后的生活相当幸福。诸葛亮随刘备出山后，一直南征北战，黄月英在家中辛勤操持家务，抚养孩子成长。绝顶聪明的她，还帮诸葛亮发明了会磨面的木头机械人，诸葛亮的"木牛流马"就是在这位丑妻的帮助下发明的。随后又发明了"连弩"，出奇制胜。总之，诸葛亮在前线之所以能百战百胜，很大程度上都有这位丑妻的功劳。

因为自信，原本丑陋的黄月英在诸葛亮眼中也变得美丽多了。

由此可见，一个女人只要拥有了自信，便能彰显出巨大的吸引力，也便拥有了征服男人、拿下世界的魅力。拥有自信的女人就像一颗闪闪的明星，震撼男人的心灵。所以，女人，从现在开始，请不要再为你的相貌发愁，只要大胆自信地昂起你那高贵的头颅，充满激情地向本真的自我大声喝彩，你便拥有了势不可当的魅力。

也许你不够完美，但世上哪有真正的完美。坦然地接受自己，积极地收集构成自信的元素，把自卑扔掉，将自己的本色发挥到淋漓尽致，你生活的每一天都将充满灿烂的阳光，整个世界都会为你喝彩！

• 魅力女人修炼法则

1. 一个自卑的人是没有气质可言的，那种自卑的心理足以让你黯然失色。再怎样地招摇、涂抹，永远抵挡不过自己菲薄的心情，再怎样地喧哗，仍然是凋零中的落寞。所以，要想提升魅力，先甩掉内心的自卑。

2. 在当今的社会，"男人追求的极致是成功，女人追求的极致是幸福"的名言也日渐黯然失色。女人学会自我拯救和自我完善永远是最重要的。渴盼男人赐予你幸福永远是被动而不安全的。

愚者在情爱中"退化"，
智者在婚恋中"进化"

爱情是女人一生中最华美的篇章，爱情是女人头顶上七彩的光环，女人的生命因为有了爱情总能闪烁着精华和灵气。可以说，爱情是女人最好的化妆师，在爱情的滋润下，女人之花才会开得更加美艳动人。然而，爱情固然美妙甜蜜，但是情场上的魅力女人，绝不会盲目去爱，她们懂得爱，并善于经营爱，她们绝不会在爱情中迷失、"退化"，而是借用自我优势让自己在爱情中"进化"，她们在汲取爱情之泉甘甜的同时，总不忘让自己变得更强大、更美好，让生命从中得以提升和滋养。

11. 能"悦己"的女人，注定可以倾倒世人

☆ 懂得"悦己"的女人，注定可以倾倒世人，在情场上，她终究会是人人艳羡的"大赢家"！

☆ 苏岑说："取悦男人不如取悦自己，只要你懂得取悦自己，不需要取悦男人，男人自会来取悦你。因为，神秘、独立、自信、自主……是男人，都逃不过这样的女性魅力！"

情场中，女人都面临一大难题：如何才能取悦男人？在女人心中，

似乎只要得到了男人的爱,便等于获得了全世界最大的荣耀。于是,越来越多的女人,把心思全都放在男人身上:为他付出,给予最贴心的照料,唯独忘了自己。但男人似乎并不领情,转身离开的方式似乎比之前更决绝。

女人顿时傻眼,抱怨道:"我为他付出了一切,怎么还不能留住他的心?"

世界上的怨妇、弃妇,大都是因为女人不懂得"悦己"的结果。这样的女人漠视自己的需要,大多数时候都在为男人忙碌。久而久之便很容易被愤怒、焦虑、厌倦、害怕等情绪所缠绕,她们在日常生活中经常感受到的是恼怒、不安、悲伤和无奈等负面情绪。于是,随着岁月的流失,她们便渐渐地失去了自我,蜕变成了人老珠黄的"怨妇",最终成为"弃妇"。

愚蠢的女人取悦男人而终被男人抛弃,聪明的女人通过取悦自己来取悦男人。

一个懂得"悦己"的女人,每天都将自己妆扮得优雅得体,她们会在闲暇时阅读看书、绘画,做自己最喜欢的事,增长学识,修炼人格,提升修养,这样的女人,没有哪个男人会不动心。可以说,懂得"悦己"的女人,懂得做最好的自己,不屈从男人,不依他人的标准来定位自己,她所焕发出来的生命热情,足以倾倒世人。

懂得"悦己"的女人,其精神是强盛的,哪怕在冷漠的冬季,也会浓情荡漾,这种心态足以冲破万千积郁,绽放出心灵之花的香馨。这样的女人,会活得光鲜、快乐、神秘、自立、自信……是男人,都逃不过拥有这些魅力的女人。

电影《我的播音系女友》中的女主角张了了是一个被"万众追捧"却不屑一顾的校花,她给人的印象是:高贵、难追、个性十足。与普通女生相比,她更懂得自己真正想要什么,更懂得如何"悦己",懂得让自己更幸福。所以,即便是身后的追求爱慕者再多,她也能牢固地守住

自己的感情，不动声色。

不仅如此，张了了的泼辣和爱扇别人巴掌也是她成为校园风云人物的标志，不过，这并没有影响她身后追求者的数量。这也主要是因为张了了爽朗的个性与成熟的气质，这些极耀眼、突出的个性是女生们少有的，女人在爱情中是最容易妥协的，比男人更容易失去自我，失去个性，这也等于丢了魅力。

由此可见：身为女人，不是因为获得了爱情才能幸福，而是因为幸福才能获得爱情。

懂得"悦己"的女人，是另一种"自爱"，是对自身价值的肯定。一个女人若不爱自己，哪会有男人来爱呢？聪明的女人喜欢做自己，更懂得如何爱自己。

懂得取悦自己的女人，像一朵默默绽放的女人花，风情万种地随风轻轻摆动。每一种身份都能演绎出相应的风情浓度，在任何年龄段都能散发出一种诱人的韵味——当她成为恋人时，她可以有西施般的风情；当她成为妻子时，她便有娇妻般的情怀；当她成为母亲时，她更具有慈母般的情怀；当她半老徐娘时，她虽然风韵犹存，但毕竟经历了太多的人生沧桑，风情也就变得成熟、醇厚、浓重，充满质感起来。一个女人，特别是一个不再年轻的女人，不能再靠外表来吸引他人。她必须学会最大程度地取悦自己，善待自己，才能够聚集人气，获得最大的魅力。可以说，懂得"悦己"的女人，便会拥有倾倒世人的魅力。

女人应该做一棵无名的树，在岁月中站成永恒，没有悲伤的姿势，一半在土里安详，一半在风中飘扬，一半洒落阴凉，一半沐浴阳光。还犹豫什么呢？让我们一起来做个取悦自己的女人吧，不依靠，不寻找，沉默而骄傲，让世人倾倒！

- **魅力女人修炼法则**

1. 女人取悦自己，其实是学会爱自己，学会善待自己的内心，不被坏情绪缠绕。随性自由、闲适从容，是"悦己"的最高境界。

2. 懂得"悦己"的女人，要很清楚地知道自己真正需要什么，在做什么，也能真实地享受身为女人的温暖和快乐。

3. 魅力来自修养，闲暇时多看看书，修炼学识、修炼人格、修炼文化；魅力来自非职业化的技能，画画、唱歌、舞蹈、写作、摄影、乐器、书法……这些，也许不能给你带来额外的收入，但是，气质和修养却是金钱都买不来的永恒财富。

12. "成品"女人，是婚恋场上的"畅销品"

☆ 胡杨说："命运是我们每个人一生所盖的那所房子，信念是梁，行动是瓦。好命运是你努力的结果，坏命运也是你参与造成。"

☆ 在婚恋场上，男人会把刁蛮、任性的"半成品"女人当成是自己要走过的桥，而将成熟、有韵味的"成品"女人当成是自己永久停靠的港。所以，"半成品"女人是婚恋场上的"滞销品"，而"成品"女人则是婚恋场上的"畅销品"。

☆不要渴望一直住在爱情里，因为那是一间风雨亭。女人，要懂得在爱情中"进化"。

胡杨在她的著作中提出了"成品女人"的概念，主要是指那些内外兼修、风韵十足的成熟女人。从工业角度而言，她们是从外在到精神最完整的女人产品；从亲情角度看，她们是幸福的 Lady、优雅的妻子；从爱情角度讲，她们是感情的经营者和耕耘者。

"成品"女人是理性的，也是感性的。她们会努力工作，但不是为

了追求财富，而是为了证明自我，享受成长；和普通女人一样，她们看重爱情，但却不沉溺爱情。对于她们来说，爱情只是人生某个阶段的主题曲，却不能成为一生的主旋律。她们在爱情和婚姻中时刻能保持自我，不断"进化"，注重个人成长，她们是优雅、智慧的，一个极小的动作便能让男人旋转起来，可以说，她们是备受男人追捧的"宠儿"，是婚恋场上的"畅销品"。

在婚恋场上，那些幼稚的"半成品"女人，更关注别人的世界，因为她们总是想从中找出自己未来的人生方向。而"成品"女人则只关注自己的内在世界，因为她们明白：每个人的世界都拥有独一无二的精彩。她们不热衷于明星八卦，不醉心于娱乐周刊，她们的枕边放的是有营养的书籍。为此，她们从内而外都能散发出一种迷人的气质。同时，她们也不会为取悦男人而扮美，从而失掉自我本色，同时也不会为了讨他人高兴而牺牲自我个性，她们比小女人更清楚：取悦男人不如取悦自己。

关于婚姻，那些稚嫩的"半成品"女人总是一脸的向往，脑中全部都是婚纱裙、订婚戒、富有浪漫色彩的红玫瑰。而"成品"女人则对婚姻充满了理性，在她们心中，爱只是婚姻的入门标准，但绝对不是婚姻的全部。她们像是一件完整的物品，她们活得个性饱满，永葆魅力风采，只做自己。所以，在男人心中，"半成品"女人可爱，但只适合做妹妹，而"成品"女人则适合做伴侣，只因为，她们足够通透，令男人的心中对幸福的感觉更有把握一些。

在与男人的较量中，"成品"女人总能用四两拨千斤的手段矫正航向，男人是船，她们就是藏在男人身体里的舵手，船越大，她们就越有成就感，风浪越大，她们就越有施展的空间。无论发生什么事情，"成品"女人很少想到要弃船脱逃，不像稚嫩刁蛮的"半成品"女人那样，沉船时永远只弄清楚救生艇在哪儿。可以说，"成品"女人给男人的是安心和舒心，男人大多都会选择这样的女人做伴侣。

在婚姻和爱情中，"半成品"女人带给男人的爱固然是惊心动魄的，但她们会永远让男人处于旋涡之中得不到休息，让男人精力耗尽才发现到处都是乱七八糟已经无法收拾。而"成品"女人则会以淡淡的、不露声色的爱给男人以温暖和安心。如果说家是岸，那么，"成品"女人则是岸上那张松软的床，她会以包容、宽慰给男人以稳定，供男人停靠休整，这样的女人，注定是婚恋场上的"畅销品"。

总之，"成品"女人，她们身上永远散发着"成熟"的韵味，虽然渐离青春，虽然曾经沧海，却仍能淡定从容。在她们眼里，青春不算是资本，只是一种心态，就算岁月已经在她们身上刻上点点烙印，但她们骨子里渗出来的是内外兼修与风韵无敌的气质。

她们通情达理，真实而不做作，让男人喜欢，也不让女人嫉妒……她们个性地活着、清醒地爱着、自信地工作着、与孩子一起成长着、被爱人无所顾忌地宠着爱着……更为关键的是，"成品"女人都是由普通女人"修炼"而来的，每个女人都能通过提升自我修养，扩大见识，修炼强大内心等方式实现。

• 魅力女人修炼法则

成熟是人最理性的标志。成熟的女人不仅有成熟的身体，更应该有成熟的心灵，大多数的女人很感性，还有的女人矫揉造作，这种女人一般不用理性的目光看社会，不用理性的头脑思索人生，依赖思想较严重，缺乏独立性。而成熟的女人一般都能独立撑起一个家，即使没有男人照顾，也可以把自己的家园建设得很美好，内心成熟的女人遇事一般不冲动，自制力强且善于分析问题和解决问题。浑身散发出来的气息很有女人味，像个熟透、香甜的红苹果很逗男人喜爱。所以成熟的女人才拥有真正的魅力。

13. 要让爱无价，先用"高贵"提升你的"身价"

☆ 当女人真正输掉一份感情时，就要问自己：真的输了吗？真正的输，是输掉了自己；真正的赢，是令自己变得更好。

☆ 在婚恋场上，女人可以输掉感情，可以输掉男人，但一定不可以输掉自己。智慧女人永远不做情场上的"乞怜者"，而要做内心高贵的"公主"，这是让你的爱变得无价的重要砝码。

☆ 女人都是听觉动物，喜欢甜言蜜语。而男人则是视觉动物，喜欢用眼睛恋爱。任何一个能说会道的男人都很容易将女人俘获。当过起日子的时候，女人才真正顿悟：说得好听，远没有做得好看更让人舒服。

要提升自我魅力，就拒绝做情场上的"乞怜者"，而要做内心高贵无比的"公主"。当然，这里的高贵并不是指身份的高贵，主要是指心态和灵魂的高贵。

在婚恋场上，有些女人把自己的姿态放得很低，甚至一开始就将自己摆到一个乞求感情的地位上，其悲剧的根源就在这里：你对自己都不自信，别人怎么看重你？男人往往都是这样，你过于看重他，也就昭示着他可以轻而易举地主宰你的情感和幸福！如此一来，恋爱还没开始，就意味着你先把"自我"给输掉了。这样的女人在自贬身价的同时，也贬低了自己的爱。

还有一些情场上的"乞怜者"，她们缺乏的是灵魂上的高贵。她们对爱的免疫力都很低，经不住男人对自己一丁点儿的好。哪怕是面对"已婚男"，她们也丝毫把持不住自己，容易在甜言蜜语中迷失自己。哪怕明知前方陷阱重重，她们也会不顾一切地往里跳。她心里始终认为，他的爱,太珍贵,就算飞蛾扑火也在所不惜。这样的女人,也贬低了自己的爱。

还有一些"乞怜者",总把爱情看成是自己的全世界,把全部希望都寄托在男人的身上。最终,他离开了,她却一无所有。面对失恋的伤痛,她会伤心难耐,痛不欲生,日渐颓废、消沉。

而智慧的、有魅力的女人都是具有高贵气质的。她们始终认为,要想让"爱"变得无价,让男人永远疼惜你,就要先用"高贵"提升你的"身价"。这样的女人能在高贵的心态中主宰自己的情感和幸福,由此而高贵起来的,不仅仅是女人的气质,还有女人的全部生命。心态和灵魂都高贵的女人,在感情中能做到不媚俗、不低从、不盲从、不虚华,富有原则,而这种气质正是男人倍加欣赏的。这种女人往往会给男人以生活信心和勇气,她们的骨子里潜存着一种净化男人心灵、激励男人斗志的人性魅力。

在文学史上,简·爱无异是一个高贵女人的代表。生活的磨砺、朋友的影响,让她懂得灵魂的高贵与否与一个人的社会地位和金钱无关,而与爱有关。她说:"在要求对方是不是处女的时候,想想自己是不是处男,如果是,你可以,如果不是,你凭什么?"

面对爱情,虽然她内心热烈,外表却懂得克制自己,并且不媚俗、不屈从。她对富有的罗切斯特先生说:"你以为,因为我穷、低微、不美、矮小,我就没有灵魂没有心么?你想错了!我的灵魂跟你的一样,我的心也跟你的完全一样!当我们的灵魂穿越坟墓,站在上帝面前,我们的灵魂是平等的。"

在她得知罗切斯特家里关着一个疯了的"妻子"时,她毅然选择离开。最后,当一场大火把罗切斯特的财富烧为灰烬的时候,她又选择回到他身边,这样的爱,是高贵的、纯洁的,也是伟大的。

不可否认,她爱罗切斯特,但却始终坚持着自己的原则。她说:"不要因为寂寞去恋爱,时间是个魔鬼,天长日久,如果你是个多情的

人，即使不爱对方，到时候也会产生感情，最后你怎么办？"她还说："不要随便和别人上床，否则将来遇到一个真爱，但他却是个洁身自好、有原则的男人，你会后悔当年的所作所为。"

灵魂高贵的女人即使平凡，身躯中却能散发出夺目的光彩，那种光彩足够能照进男人的心灵，赢得他们的尊敬和爱慕。所以，在婚恋场上，女人要活得幸福，赢得精彩，就要先从提升自己的姿态开始，做一个灵魂和心态都高贵的"公主"！

其实，每个女人都像树上的果实一般，等待男人来采摘。如果把自己压得过低，男人只会把你踩在脚下；如果把自己悬得太高，男人只会驻足仰望，摇头离开；而聪明的女人，则会把自己摆在一定的高度，让男人够得到，却摘不到，当男人使出浑身解数摘到后，定会视她若宝！

> **· 魅力女人修炼法则**
>
> 1. 女人如果把全部赌注押到男人身上，十有八九会输到惨不忍睹！
>
> 2. 情场上的"强势"女人，不会去刻意找个肩膀依靠，而是没人依靠时，照样可以开心地走下去。女人的爱情，并不是无私地付出，而是开心地爱，并且开心地被爱。
>
> 3. 对于爱情场上的"强者"来说，失恋虽然痛苦，但是成熟就是不断丢掉自己不喜欢的东西，再难过也别忘了哄自己开心，失恋和笑容能让我们离幸福更近一步。

14. 把婚恋当作人生的大"升级"，终会玉润珠圆

☆ 把爱情当饭吃的女人，终究会营养不良；把婚姻搞成"圈地运动"的女人，终究会憔悴不堪；把婚恋当作人生的"升级"的女人，终会玉润珠圆。

☆ 智慧女人的迷人风韵，皆拜爱情所赐。美女 CEO 王潇说："谈恋爱，就是让自己从内在到外在，从灵魂到外表有了对方都比从前的状态更好，否则何必呢？"

☆ 常常见到这样的女人，为了一段看似光鲜的爱情，把自己折磨得憔悴不堪，她所有的付出乃至自残，皆未换回对方同等的重视。这并不是男人的残忍，而是女人本身就没有搞清楚：一个连自己都不重视的女人，男人更不会重视她。

多数女人，寻找恋人是为了给自己找一个"长期饭票"，选择婚姻，也是为了给自己找一个终身依靠。她们通常把恋爱和婚姻当作个人进步的终点，当作自己的"安乐窝"，婚后把"自我"稳固地安放在小家庭中，寻常度日，家长里短，蹉跎岁月。

固然，女人大都缺乏安全感，选择恋爱和婚姻做依靠无可厚非，但这样的女人注定是与魅力无缘的。对于魅力女人来说，婚恋对于自己的意义绝不在于此。恋爱和婚姻对于她们是事业腾飞的"加油站"，是感情臻于成熟和完美的新起点，也是人生趋于圆满的大"升级"，这样的女人终会玉润珠圆。

正如杨澜所说，女人恋爱嫁人，最好选择一个能帮你实现梦想的男人。这并不是说你可以依托男人去帮你实现你的梦想，也不是说你的伴侣必须要有才，或者能助你一臂之力。但是他一定要很尊重你的人生，就像相信自己的人生那样。只有这样的男人，才是女人最安心的港湾和最坚实的后盾。魅力女人，都会选择这样有修养、有才能的男人为婚恋

对象，使自己不断"升值"，也使自己的人生更趋于圆满。

民国才女林徽因便是这样的魅力女人。在面对大诗人徐志摩狂热的追求时，她始终能理性地克制自己，选择了有高尚的品格和修养并与自己志同道合的梁思成步入婚姻殿堂。

她嫁与梁思成，其实是连同自己的建筑梦想一并嫁给了他。林徽因在认定梁思成的时候，就已经意识到，这个男人身上拥有自己所欠缺的一些品质，而这些品质刚好可以和她互相完善，彼此成就。林徽因不乏浪漫和灵感，却缺乏耐心和坚持，而梁思成则恰恰相反，一旦认可了的思路，就会不厌其烦地把事情做完，而且做得一丝不苟，堪称完美。

多数女人结婚，是为了找个男人来依附，而对于林徽因来说，结婚是为了使自己更趋于完美。她本身就是有一只翅膀的天使，走进婚姻，也是为了找到自己的另一只翅膀，以便相互扶持，振翅高飞，搏击另一片崭新的领域。

婚后，她与梁思成一起拖着孱弱多病的身躯，用极为简陋的交通工具，奔波于穷乡僻壤与山峦沟壑中，从事极为艰辛的古建筑踏勘与测绘调查，对中国古建筑研究作出了开拓性的贡献。他们历时 5 年，奔走于中国大江南北的荒山野岭间，跑了 100 多个县，走访了几百座古代建筑，用极为简陋的工具，采用极为古老的办法测绘了大量的第一手资料。

这便是智慧的女人对婚恋的态度，她们从不将婚姻和恋爱当作人生的终点，而是把它当作个人事业的起点。有追求的女人是最美丽的、最有魅力的。在男人眼中，她们才情横溢，不断提升自我，与这样的女人生活，其乐趣也是难以言表的。她们或许不如花瓶般那样绚丽，但却能让男人静，让男人甜，让男人乐，让男人敬。

在经济如此发达的当下，女人当全职太太，如果是女人的决定，是因为她的退缩和懦弱，这样的女人很容易在婚恋中失去自我，更难以把握住自己的幸福。而如果是男人的决定，那实在是太过自私的表现，它只会将其婚姻推入危机的边缘。

在多数丈夫的心目中,一个事业上有追求的女人,是最有魅力的,这种魅力是如此厚重,她辛勤工作的身影,随时洋溢的才华,才是最迷人的,最禁得起岁月的磨砺和推敲的。这样的女人,最值得男人给予付出更多的体贴与关爱。

所以,对于诸多女人来说,如果老天善待你,给了你富有的丈夫和优越的生活,请不要收敛了自己的斗志;如果老天对你不够疼爱,百般设障,也不要轻易磨灭了自己的信心与向前奋斗的勇气。

> **· 魅力女人修炼法则**
>
> 女人在任何时候都不要想着去依附一个男人,在这个社会里,没有谁一定能无条件、无理由地呵护谁。女人如果依附了一个男人,她就会失去自己的思想,在这个个性使然的环境中,男人也都喜欢有个性、有能力的女人。
>
> 女人,努力吧!只要你拥有了属于自己的一片天空,你还害怕自己的这片天空下没有白云吗?只要你是一个才华出众的女人,还害怕优秀的男人不欣赏你吗?

15. "牛奶＋咖啡"式的爱法,不仅营养而且提神

☆ 苏岑说:"二十四小时的爱情,让女人变得平凡,变得庸俗,变成了男人眼中的草。等爱到一个伤痕累累,蓦然惊觉:爱情原来是需要减法的。"

☆ 新时代的女人对待爱情,该有新式的"爱法":牛奶＋咖啡。即把自己五分之四付出给男人,把五分之一的付出留给自己。前者恰到好处的爱,像牛奶,会给男人带去温暖和安心,这样的爱是有营养的。而后者会让女人变得越来越好,对男人来说,它像咖啡,会不时地刺激着自己的神经,进而会打起精神加倍地疼你、爱你。

☆ 对女人"贤妻良母"型的角色定位已经过时，一个苦苦围着男人、厨房、孩子转的女人不再有市场。勇敢地对男人说：No！我没有时间，已经留给你了五分之四，剩下的五分之一，我要做"自己"！

要做婚恋场上的魅力女人，不仅要学会摆正自己的姿态、位置，更重要的是要学会爱。

新时期的魅力女人，对待爱情，就要敢于自己做主。对待爱情，只投入五分之四。五分之四的"付出"和五分之一的"自我"，会让你成为一个焕然一新的魅力女人。这就是"牛奶＋咖啡"式的爱法，对男人来说，女人的这种爱法不仅营养而且提神。

苏岑说，不把自己全部嫁给"爱情"的女人活得精彩。她们挎拎香包，穿梭于华服靓装美食美饰把手里的卡刷爆，简直比恋爱的心动还要过瘾。的确，把五分之四贡献给爱情，其余的五分之一留给"自我"的女人不仅在生活中会摇曳多姿、活色生香，而且在爱情里也会过得滋润无比。对男人来说，女人如果给予过多的爱，会成为彼此的负累：不仅自己会疲惫不堪，也会让对方气喘吁吁。当爱情成为负累的时候，就会以痛苦结束。而同样的，如果爱太少则会没有温度，感情慢慢便会变淡。而爱情给到五分之四的时候，也就是八分熟的时候，正是令双方最舒服的时候。

今年 28 岁的小倩一共经历过四段刻骨铭心的爱情。自认识第一个男朋友之后，她恨不得把自己的全部都给他。为了他，她几乎放弃了她的全部。为了能与男友待在同一座城市，她辞去了异乡前程似锦的工作，还为了他疏远了身边的同性异性好友……为了能够取悦男友，天天情愿待在家中，做个幼稚的小主妇：买菜、做饭、化妆，等他下班……三年后，她却被男朋友无情地甩掉了。这段恋情像极了电影《殇情夜》中的桥段：我苦苦等你，却只换回一句"分手"的短信。第二段感情亦是如此，只是她被男孩甩的时间提前了些，不到两年，男友就毫不客气地对她说了"拜拜"! 随后,她又重复了有着类似情节的第三段感情,终还是没有逃脱被甩的命运。

被爱情连伤三次之后,她自己也痛苦地思索:为什么我这个痴情女总会遇到薄情郎?为何我为他们付出了自己的一切,却只换回他们的无情的背叛?

小倩为此消沉了一段时间,从爱情的伤痛中挣脱出来之后,她就做了一个决定:"今后,无论遇上什么样的男人,我只做我自己、只做让我自己高兴的事情,我不再为取悦任何男人而生活!"

后来她遇到了第四段爱情,而小倩也再不是当初那个为了爱情而生活的小女孩了。如今的她,即便恋爱了,也依旧会保持自己独立的生活姿态。会因为陪闺蜜逛街而推掉与男友的约会;为了加班赶稿可以让男友将生日聚会推迟一天;她只买自己喜欢的衣服,只看自己喜欢的电影;偶尔下一次厨房,也一定会做自己最爱吃的菜……想想以前的三段恋情,她也觉得自己对现在的男友太过恶劣了。但是,她彻底想通了,恋爱就是为了让自己更快乐!她随时做好了与男友分手的准备,她绝不会为了任何人而妥协自己内心真实的快乐!

交往一年之后,男友却对她说:"我们结婚吧。只有把你娶回了家,我才觉得能够将你彻彻底底地抓牢了!"

回忆前情旧爱,她内心感慨颇多:曾经那么重视爱情,为爱情付出全部,却屡屡被甩;如今不那么重视,没付出多少,却被爱人当成了宝贝!

最终她还是明白了:只有适当地付出,适当地保持自我,才能够让爱情之路走得更为顺畅。

其实,在生活中,那些越是爱得失败的人,越是那些爱得深切的人。当他的关注度过分地集中在一个人身上的时候,那个人就自然会感受到无法承受的沉重。《东京爱情故事》中,完治对莉香说:"你给的爱太重了,我背负不起!"真是令人伤心的一句话。有些恋人的分开,不

是因为不爱，而是因为太爱，那些爱得太过深切的人，总是在用最深切的爱，将自己心爱的另一半逼跑。

女人，要想使爱情保持长久甜蜜，就要学会运用"牛奶＋咖啡"式的爱情，不仅营养而且也能让男人保持适当的清醒，终会视你如宝。

> **· 魅力女人修炼法则**
>
> "牛奶＋咖啡"式的爱法，其实就是当今社会很流行的一种"0.8生活哲学"，其定义是：不必每件事都做到十成满，尽自己80％的力气就好，剩下的20％权当是为事情留下的回旋余地与养精蓄锐的本钱。生活需要冲，更需要缓冲，更何况恋爱呢！

16. 给男人吃"定心丸"，给自己吃"紧心丸"

☆ 智慧女人懂得：爱应该是有节制的，应该是向善的。因此，好女人对男人只要心怀善意就行了。女人爱得泛滥，爱得匮乏，都会让男人感到紧张，感到烦闷。

☆ 多数女人都是想抓紧男人的，因为大部分女人成家后就放弃了自己的圈子，放弃了与社会的沟通和交流，于是便对男人产生紧张感。于是便在婚姻中大演"悬疑剧"：搞跟踪、查手机，把自己变成"福尔摩斯"，搞得男人疲惫不堪，也让自己心惊肉跳。

☆ 智慧的女人懂得：过分的安全只会让自己的价值全失，适当适时地引发男人小小的紧张和吃醋，这绝对是幸福生活的润滑剂。

婚恋场上，有两种智慧女人，懂得给男人吃"定心丸"，给自己吃"紧心丸"。

一种是朋友较多、交际较广的女人，她们因为有超好的人缘和较复杂的社会关系，所以很容易使家中的男人产生紧张感。这种紧张感会让男人想抓住女人，让她们放弃与社会的沟通和交流。而这时，女人则会给他们吃"定心丸"，带他进入自己的圈子，并将自己的光环全部戴在男人头上，让男人安心。而自己则会在背后给自己吃"紧心丸"：不断告诫自己要守住清白，抵住诱惑。这样的女人，终会得到爱人的宠爱、朋友的眷顾，获得事业爱情双丰收的圆满结局。

还有一种是交际圈子小、朋友少或者甚至没有自己圈子的女人，因为与社会沟通和交流较少，所以会对男人产生紧张感。这个时候，她们会给男人吃"定心丸"，给自己吃"紧心丸"。在男人面前自信十足，对男人的私事从不过问，而在背地时却紧锣密鼓在不断修炼自我，提升自我魅力，牢牢地将男人"吸"在自己身边。这种女人是乐观的，她们固然紧张，但却能通过调节让自己的心灵变得通达起来，让爱在平淡中走得更为牢固和永恒。她们认为，感情这回事放得开，其实就恰恰是一种最好的把握。

一位知识女性，她深爱着自己的丈夫，但是，她爱丈夫，对丈夫付出的同时，从没忘记爱自己。她的丈夫是位成功人士，经常在外出差、应酬，但他们的感情却十分融洽，从未有过一丝半点儿的裂缝。

有人曾问她：你不担心他在外面寻花问柳吗？这位女士回答说："我和他的爱从来都是平等的。从接受他的爱那天起，我就给予了他极大的信任，我爱他却不苛求他。我希望他更成功、更完美，但我从未把自己的一切都押在他的身上。我还担心些什么呢？有些时候感情这种事你放开来看，其实恰恰就是一种最好的把握。"

真正智慧的女人会给男人吃"定心丸"，给自己吃"紧心丸"，她能让彼此都生活在一个比较自由和宽松的环境中，用彼此能够接受的方式来让他知道：我需要你，但是我会更努力让你需要我，这才是我存在的价值，如果你不再需要我，我会找到一个地方放置我自己。

以上两种女人的最大智慧在于她们懂得：不管是在恋爱中还是在婚姻中，女人的独立都是有条件的。尤其是如何把握好独立与依赖的平衡关系，是女人一定要学好的一门学问。一般来说，婚姻中的平衡度是不

好把握的，女人若太过独立，会让男人找不到感觉，女人若不太独立，又会让男人感到太累。所以，独立的女人在实际的生活当中，一定要有些女人味十足的东西，如理解、宽容、善良、见地、胸怀等，来作为平衡夫妻之间关系的一个法宝，这是女人与生俱来的性别特点所决定的。做一个既独立又在某些方面依赖男人的女人，才能使婚姻能够平稳地向前迈进。

婚姻把男人和女人做成了合订本。其实，最好的婚姻是男女应成为有内在联系的单行本，表面上要互相独立。

感情是最在乎尊重和平等的。不用说，有见地和胸怀、善解人意的女人，男人自然会感受到她的可爱之处。因为男人爱上一个女人的同时，并不希望自己在女人的无视中变得惴惴不安，更不希望自己在爱的约束下丧失自己的一方世界。男人在乎爱情的默契、宽容和理解，因为这样的爱既能让男人感受到温暖，也不会阻止男人身心释放地闯荡人生——毕竟，在男人的眼里稳固的爱情婚姻是自己的，但它却不能代表人生的全部。

· 魅力女人修炼法则

1. 过分的安全会造成无价值，过分的紧张会造成矛盾，偶尔的小小的紧张和吃醋，会是幸福生活的润滑剂。

2. 婚姻当中的双方都要学会克己，因为从两个人开始恋爱的那天起，就决定了他们之间必定要互相影响对方，完善自己，修正各自的个性和生活习惯。各人有各人的天地，空间是让婚姻内有新鲜空气流通的最好的办法。有了空间，婚姻就有了成长的天地，能够成长的婚姻才是最好的婚姻。

17. 控制情绪,做不动声色的"静安"公主

☆ 女人都是情绪动物。当你控制不住情绪的时候,你便很容易做情绪的"俘虏";当你能很好地掌控情绪的时候,你便是个优雅的"静安"公主。

☆ 智慧的女人,会不动声色地将强悍、愤怒隐藏在优雅、活泼的表象之下,她们不用施展任何技巧就可以让男人心甘情愿地掉进温柔的怀抱中。

☆ 懂得不动声色智慧的女人,可以在无形中给予男人和爱情有效的控制力,而这种控制却又让人感知不到丝毫的难受或不情愿。可以说,不动声色,是化解家庭矛盾,增强夫妻感情的良药。

☆ 不动声色,是一种智慧的处世方式,是一种明智的生活态度,是一份平和而不热烈的心境,是一种面对现实的坦然与淡定。

女人大都是易于感情用事的,生活中一丝的风吹草动就有可能会对她造成伤害,接而她便大发雷霆,咆哮不止,这样的女人毫无魅力可言,这也是让部分女性输掉爱情和婚姻的主要原因。

有的女人会说:"我对他发脾气是因为爱他……"殊不知,这种发脾气,一次两次可以表达你在意他,如果屡次发脾气,那么换了任何人都会受不了的,任何人都没有义务来承受你的脾气的,或者本来可以心平气和地解决的事情,你非要用发脾气来解决,那么,最后只会使你们的感情吵淡、吓没,自然也会导致各种各样伤害感情的事情出现。

还有一些女人,最不能忍受的是爱人"移情别恋",平时什么事都可以心平气和商量解决,但遇到这种事情,涵养再好,也忍不住会动怒。于是,频频与爱人发动"战争",把家里砸得乱七八糟,不泄恨绝不善罢甘休。最终,爱人终于哀求:"别闹了,我离开还不成吗?"说

完，拂袖而去！

女人便失声痛哭："我这样闹，只为了让他能悔过，然后回心转意，他难道不懂我的意思吗？"这样的女人是可怕且可怜的，男人犯了错，即便想回家，但你给了他回家的路吗？

不可否认，不懂得控制情绪的女人是可悲的，也是可怜的。

而同样地面对以上这些，智慧女人则显得优雅多了。当冲突和矛盾袭来时，她们会先控制好自己的情绪，以不动声色的气度，保持做一个优雅的"静安公主"，然后在轻描淡写间将矛盾和愤怒化于无形，让男人乖乖回到她身边，并围着她转。

刘刚下班后就立即给妻子赵蓉打电话，说自己要加班，要晚一些回家。赵蓉叮嘱他说，别太累了，加班前买点吃的，别饿着。放下电话，刘刚便点了支烟，狠狠地吸了一口。其实，他并不是加班，而是约了一个女孩一起喝茶。

这个女孩年轻漂亮，浑身都充满了青春的活力，刚刚来到单位，就引起了刘刚的注意。工作中，经过几次的交流，女孩便对刘刚产生了好感。但是刘刚想到自己家中的妻子便想拒绝，但他又莫名其妙地接受着，或许是他无法拒绝女孩的单纯所带给他的那种怦然心动的感觉。

茶楼里，女孩羞涩地垂着眉眼不说话，刘刚看着女孩就一直在想，自己是不是该说点什么，说自己有妻子有女儿，和她只能做好朋友。如此唐突却直接的话语在他说出来之前，茶楼的门便开了。几个漂亮的女人坐在了他们的邻桌，只此一眼，刘刚便已经冷汗涔涔了：那一群女人中，有他的妻子赵蓉……

几个女人要了茶、点心和一些小零食，有说有笑，看样子是很开心。刘刚明白，赵蓉已经看到了他，但是并没有露声色，依旧专心地与几个同伴有说有笑。赵蓉中间去了一趟洗手间，从刘刚的身边经过，刘刚感觉暴风雨可能马上要降临了。然而，赵蓉却依旧像没看到他们似的，只是回到自己的座位上，催促女伴们快点儿吃点心，说她等下还要回家给老公做宵夜。

刘刚开始坐立不安,很想过去和赵蓉打个招呼,然后给她介绍坐在自己旁边的女孩只是自己的同事。但他却不能这样,他怕女孩误会他,给女孩造成伤害。

思前想后,刘刚只好装作没看到,直到赵蓉和女伴们撤去才舒了一口气,对女孩说他刚才看到了自己的妻子,就在自己的邻桌。女孩吃惊地问道:"她看到我了吗?"刘刚说:"看到了,但她却什么也没说,我跟她撒谎说今天加班……"女孩沉默了一会儿说:"你妻子对你真好。"刘刚笑笑。女孩咬着嘴唇说:"以后,你当我哥吧。"一瞬间,刘刚如释重负。

回家时,刘刚一直想肯定会有一场暴风雨,就算赵蓉可以原谅他撒谎,但绝不会保持沉默,然而,回到家后,赵蓉却什么也没问,依旧像往常一样给他递上暖烘烘的拖鞋,说,洗洗手吃饭吧。吃饭的时候,赵蓉就不断给刘刚夹菜,还说,我在茶楼看到你都没吃什么东西,饿坏了吧?刘刚感到浑身不自在,就问道:"你为什么不问那女孩是谁?"赵蓉说:"应该是你同事吧?"刘刚点了点头,说:"是我的同事,加班突然取消,就一起去喝了杯茶。"赵蓉点点头,表示理解。刘刚接着问:"我这样说,你也相信吗?"赵蓉说:"我当然相信了。"刘刚有些着急地解释道:"那女孩现在是我的同事,以后也只可能是我的同事!"赵蓉说:"我知道,这个世界上最了解你的人是我。"刘刚内心激起了一股暖流,看着善良、温柔、大度的妻子,感到家是如此的温馨……

赵蓉无疑是个智慧的女人,她用宽容、大度和善良,不动声色地解除了丈夫内心的担忧,还巧妙地避免了一场家庭战争,让丈夫刘刚对她产生了一种感激之情,让彼此间的感情又进一层。这样的女人无疑是充满魅力的。

遇事能控制好情绪的女人,能够在任何时候都不动声色且镇定自若地面对生活中的种种琐事。这样的女人,集成熟、独立、宽容、风情于一身,

永远不会因为岁月的流逝而失去光泽。不动声色的女人，可以在轻描淡写间应对一切的变幻，在挑衅中透露着稳重、独立和成熟，在张扬中尽显内敛和妖娆。不动声色的女人，会绕过岁月，将美丽和幸福进行到底。

不动声色的女人，也许并不富有阔绰，但却有着一颗坚强的内心。她们的观念不陈旧、不古板，了解一些时尚的风潮，懂得一些人生哲学，能够品品咖啡，会经常看看书，听一段最新的音乐……她们在工作上不怨天尤人，生活上不苛责于己，懂得一些浪漫和惬意自在。她们有些小理想、小追求，没事的时候会出去旅旅游，在自然景色中寻找内心的平静与优雅。然后，保持轻松的心情去上班，带着愉悦回家做饭带孩子。

不动声色的女人，学历不一定很高，知识不一定很渊博，经验也不一定很丰富。但她却懂得人情世故，她们智慧而练达，她们不是传播小道消息的小女人，也非东家长、西家短的长舌婆，不阴暗狡诈，她与人为善，真诚待人，通常会用简单去应对复杂，懂得感恩，很容易感动，善于从平凡的生活中体味小幸福小快乐。

所以，从现在开始，学着做一个不动声色的女人吧！不卑不亢，不惧不忧，乐观积极，豁达开朗，勇于面对生活中的一切，让生命焕发出久远的魅力！

> **· 魅力女人修炼法则**
>
> 　　做一个有吸引力的女人，一定要做到不动声色。一个不动声色的女人，要做到以下几点：1. 不抱怨生活，努力去想解决问题的方法；2. 不贪图安逸；3. 感受友情，广交朋友；4. 勤奋工作；5. 降低负面影响，少接受负面消息；6. 有生活的理想，树立目标；7. 给自己动力；8. 规律地生活；9. 珍惜时间；10. 心怀感激，把注意力集中在快乐的事情上。

18. 不做随意改造男人的"机械师"

☆ 婚姻中的女人一个很重要的作用就是对丈夫和孩子的教化。当然，这个女人一定是要学识不在丈夫之下，其他条件也能和丈夫比肩的情况下才有可能进行的。

☆ 在情场上，女人都想留住男人。但是女人却永远不满意男人，这是千真万确的事。女人总是希望依照自己的意愿与想象去改造男人，尤其是改造自己的男友或者丈夫。

☆ 爱不是彼此间的凝视，而是一起注视着同一个方向。爱上某个人不是因为他给了你所需要的东西，而是因为他给了你从未有过的感觉！真正的爱不是爱上他的优点，而是知道了他的某些缺点之后，还依然和对方在一起！

有人说，女人通过征服男人征服世界，而在现代，男人则多是被动地依照女人的意愿来改造世界。于是，多数女人便成了按自我要求随意改造男人的"机械师"。她们会把男人当作可以随意拆卸的"机械"一般，总是依照自我的观点或方式去纠正男人身上的种种不足，试图以自己的方式去重新"组装"男人。尤其是刚做了家庭主妇的女人，总是希望男人能依照自己的规划去执行。比如，经常会拿男人不换衣服、不做家务等卫生习惯来对男人大加批评、指责！然后，列出计划，让男人执行。时间一久，女人在男人心目中的魅力尽失，同时，男人也会觉得家里住了一个管制自己的"女王"，家也是一个需要遵守太多规距的地方，如此一来，家庭所代表和承载的港湾式的意义就荡然无存了。

据不完全统计，多数男人在女人眼中至少有一千个以上需要改造的地方，所以在情场上，男人无论如何做，还是会令女人不满意。于是，男人便很容易因此而想逃离家庭，离开女人。其实，在情场上，真正聪明的有魅力女人，从不做随意改造和组装男人的"机械师"，不仅劳心劳力，而且

还不讨好。她们知道，男人会因为爱选择与自己在一起，会因为爱走进婚姻，但这并不代表他愿意在爱的约束之下丧失自己的一片天空。在婚恋中，男人更希望获得一种默认、宽容和理解，而非批评、指责和约束。如果自己经常让男人在家中不能够获得自如愉快的感觉，那么，家庭的吸引力就会逐渐地丧失，他也会渐渐地对你愤怒甚至反感！

聪明的女人是富有智慧的，她们会在丈夫舒舒服服愿意接受的情况下才说出自己的意见。

媛媛的老公每天睁开眼做的第一件事，就是先打开电脑，进入游戏"杀两局"。就算家里有再重要的事，他也不会离开电脑过去帮忙。终于有一天，媛媛实在忍受不了了，很想与老公大吵一架，但是看到老公尽兴的样子，又止住了。

"这样下去可不行，我得想个办法让他回来啊！"媛媛心里想着，这时候心里突然有了一个主意。第二天，媛媛一大早起床就对老公说："老公啊，你今天在家好好玩游戏，我晚上就回来。"老公高兴地点头答应，为老婆的支持差点儿跳起来，终于没有人打扰他了。很晚，媛媛回来了，故意不和他说话，直接就睡了。

第二天，第三天，第四天……整整两周过去了。

这天，媛媛正在朋友家吃饭，接到了老公打来的电话："老婆，你在哪儿？快点儿回来吧！我在家坐立不安等你半天了，上网越上越烦。"媛媛手里握着手机，得意地笑了笑。于是，就提出说："如果你想让我回家，就收敛下自己吧！整天趴在桌子前对着电脑，对眼睛又不好，而且还冷落了我。如此下去，怎么得了？"老公听罢，也觉得自己有些过分，于是，便收敛了许多。

聪明的女人懂得，男人都有叛逆心理，如果一味地强加制止，只会引来矛盾。不如晾他一段时间，让他自己收拾残局，他便能体谅到你的苦衷了。接下来，他也会自觉改正。所以，做个富有智慧的女人，千万不要去做"机械师"，令男人反感甚至厌恶。

· 魅力女人修炼法则

女人要明白，最好的家庭绝不是最整洁的屋子，最温暖的家庭也决不仅仅是一个整日操劳的妻子就能够代表。当我们不断地企图纠正对方各种坏习惯，忙着将对方变成另一个自己的时候，我们是否应该停下来想一想：是否我们根本就是在爱那个潜在的自己，而忽略了对方的感受呢？有些东西在你的生命中是必需，但在对方的生命中却未必，你拿自己的理念去要求别人，本身就是极专横和小家子气的表现。爱应该有适度的自由，否则就会成为牢笼，对方会渴望挣脱。你真的爱他，或者想和他过一辈子，就要接受他与生俱来的弱点，就要尽力学会去尊重他、帮助他、别勉强他、嫌弃他。

19. 适当施展点"媚"功，你会魅力无穷

☆ 即便在工作中，你是个再成功、再有魄力的女人，也永远不要忘了在男人面前撒娇，这是最有力也是最省力的"勾魂法"。

☆ 漂亮的女人不一定能赢得男人的心，但能在适当时候施展"媚"功，懂得撒娇的女人是男人的"克星"。可以说，适当的撒娇是女人最有力量的"武器"，它比"倚天剑"还要锋利，一出手就会击中男人的命门。

要做情场上的魅力女人，就要在适当的时候施展点儿女人独有的"媚"功，而最能体现女人妩媚的就是撒娇了。

在情场上，漂亮的女人不一定制服得了男人，但是能施展"媚"功、会撒娇的女人却是男人的克星。撒娇是女人的"撒手锏"，再坚强勇敢的男人在女人的娇声嗲气中都会手足无措、骨头酥软，把所有的英雄气概丢得一干二净。女人只要把娇气软绵绵地撒在男人的身上，哪怕是要男

人上刀山、下火海，男人也会眼不眨、心不跳心甘情愿地为其献身。

张暄和老公结婚已经 6 年，但两人的感情仍像初恋时一般甜蜜。闺蜜问她爱情保鲜的秘诀，张暄却笑着告诉她："女人呐，就该在适当的时候施展点'媚'功。"原来她让老公一直宠爱的法宝就是撒娇。

有时候，她会像个孩子似的搂着老公的脖子，摇来摇去，嗲嗲地叫他的名字，并任性地拿走男人正在用的东西，孩子气地嘟着嘴说："陪陪我，跟我玩，好不好？我好无聊哦。"这让一本正经的老公浑身酥软，不但不责怪她，心中反而充满柔情，温柔地摸摸她的头，揉揉她的脸，乐呵呵地说："老婆，你撒娇的样子太可爱了。"

一次同学聚会，老公带了张暄去参加。席间，张暄一会儿说菜咸了，一会儿说吃肥肉会发胖。老公就乖乖地帮着她把肥肉和瘦肉分开，两人卿卿我我、打情骂俏的，看上去着实让人羡慕。回去时，张暄搂着老公的脖子，显得情意绵绵，这让许多同学羡慕不已。

同情和关照弱势者，是男人的习惯性思维。从这个角度来说，女人施展"媚"功，向男人撒娇也是示弱的一种表现。既然你已经示弱了，那男人不但会原谅你的过失，更会对你疼爱有加，欲罢不能。更何况，女人撒娇也不是什么丢人的事，因为男人需要女人撒娇，需要这份柔情。

很多男人都认为，会恰当施展妩媚，懂得撒娇的女人，才是有情趣、可爱、有品位的。因而不会撒娇的女人会让人感到麻木，没有味道，失去了女人味。

在相爱的人之间，撒娇其实就是生活的调剂品，有人撒娇生活才会和谐，充满情趣，爱人之间如果没有一方的撒娇、另一方的宽容欣赏，彼此严肃的生活难免使人乏味。所以说，在相爱的人之间，撒娇无形之中也成了衡量幸福生活的一个重要标准。试想一下，当你进入古稀之年，作为一个满头白发、满脸皱纹的老太婆还有人把你当作手心里的宝，用宽容的心胸、善意的微笑包容你的撒娇，人生一世，夫复何求呢？

女人施展"媚"功，适当撒娇体现了女人的柔美和可爱，同时又会让男人觉得自己威武得像一面能挡风的大墙，大大地满足了他大男子主义的需要。当然，撒娇也是要讲究一些技巧的。

1. 撒娇要讲究时机和场合。撒娇更适合选择在私下，尤其是当对方有点儿小不爽，或者自己的小要求不能被满足时，撒娇绝对比强硬的争吵来得更为实用。

2. 撒娇要显出你的可爱来，而不是浪荡。眨眼睛，噘嘴巴，假抽泣两声，或者轻跺脚都算是得体的，但是如果动作幅度过大，贴在对方身上，就会显得有些轻浮，反而会让男人觉得咄咄逼人或者矫揉造作了。

最后要记住：撒娇不是耍赖，撒娇更不是变相的逼迫，女人还要根据自己的外形，与对方的相处阶段，来施展"媚"功，并选择适合于自己的撒娇策略。

> **· 魅力女人修炼法则**
>
> 　要搞定男人很容易，因为百分之九十九的男人都喜欢会撒娇的女人。虽然说男子汉大丈夫宁愿流血不流泪，但男人可以为女人撒娇而折腰。会撒娇的女人比那些腼腆内向、自视清高的女孩子更能打动男人的心，也深得周围人的喜爱。

20. "剩女"有了原则，就是"优胜女"

☆ 在情场上，女人在任何时候都要坚持自己的原则，绝不向年龄等难题妥协！

☆ "嫁人"对于"剩女"来说是个令人头疼的问题。虽然想嫁，但绝不昏嫁！不为了嫁而嫁，不为了婚而昏，无论到什么时候都坚守自己的爱情原则。如此一来，你便是个"优胜女"。

"剩女"是个让很多女人一提起便会心惊胆战的词汇，一大把年龄嫁不出去，父母催促，亲戚着急，自己也是心急火燎：我的那一位究竟藏在哪儿？

但是，还有一种"剩女"，却显得很淡定，她们就是死死坚守自我爱情原则的"优胜女"。

"虽然想嫁，但绝不昏嫁""绝不会因为年龄而结婚""得之我幸，不得我命，宁剩毋滥"……这是当年大多数"剩女"的宣言。她们尽管恨嫁，但在情场上却始终坚守自己的爱情原则。

的确，没有爱情的婚姻是不道德的，这样的婚姻也很难获得幸福。情场上的魅力女人拒绝随便嫁，为了年龄而昏嫁。她们宁缺毋滥，宁愿一辈子单身到底，也绝不肯"下嫁"一个与自己不般配的男人！这样的女人，时时都能焕发出自信、迷人的风采，魅力无穷。

32岁的张彤是某外企的中层管理者，毕业10年后，职位升了，薪水也涨了不少，但爱情却落了单。

父母催促，朋友也替她着急。看到大学同学中多数人的QQ头像空间里全是自己孩子的照片，她也有些着急。虽然内心着急，但却始终坚持着自己的原则，对身边给张罗介绍对象的人说，不符合条件的坚决不考虑。

对于她对婚姻大事不冷不热的态度,身边的朋友也劝她:"男人就像大食堂的菜,去得晚了,就没了。""这年头,长得不老不丑不傻的男人才像服装店的基本款,经典永恒,不退潮流,遇到那样的男人就赶紧嫁了吧!"但是张彤却依然不动声色,认真地生活着,期待对的那个人出现。

在情场上坚持自我原则的女人是可敬的,也是可爱的,是充满魅力的。那种对待爱情和婚姻谨慎、认真的态度,是对自己人生的最大尊重,也是对他人的负责。一个活得认真对自己负责的女人,永远都是充满魅力的。

生活中,我们也会接触到一些女人,因为年龄大了,随便找个男人凑合嫁了,没多久,两人就产生摩擦,感情就开始出现裂缝,发生争吵开始闹离婚。为了嫁而嫁的女人,多半会成为婚姻中的怨妇!在爱情中丧失原则的女人,是与魅力无缘的。所以,如果你是个"剩女",那就做个能坚守自己原则的"优胜女"吧!

其实,对于很多女人来说,被剩下,并不代表她不够好,而是因为她活得足够清醒,她能够把握自我命运!这样的女人因为优秀,所以难嫁,也因为优秀,所以难嫁也不乱嫁!

·魅力女人修炼法则

苏岑说:"对于男人,女人最爱的永远是那种带有崇拜性质的情绪,婚姻中,女人最怕有'下嫁'的心态,如果一个男人不能激起一个女人的崇拜感,那么就可以想象,男人女人这一辈子都会活得不舒服:男人会觉得女人太张狂,女人会觉得这个男人太掉价!"所以,对于剩女来说,提及嫁人,条件不要求太苛刻,但绝对不能乱嫁。

21. 女人须牢记：没有什么错误可以"永垂不朽"

☆ 苏岑说："没有错误可以'永垂不朽'，能让错误'永垂不朽'的是女人反反复复唠叨错误的一颗心。"

☆ 年轻时，你在情场中犯了错、受了伤，就该霸气地对自己说："好的，我错了，但我的错误仅仅到今天为止。"总有一天，你会发现：那些曾经让自己痛不欲生、寻死觅活的伤痛，原来只是随手可以丢弃的垃圾。

☆ 女人须牢记：没有什么错误可以影响人一生一世。昨天的痛已经承受过了，还有必要反复兑现吗？明天的痛，尚未到来，有必要提前结算吗？

生活中，我们经常听到女人这样说："曾经，我因为爱错了人，而使自己失掉了一生的幸福。""如果当初没有沉浸在那个男人的甜言蜜语中，我不会落得如此悲惨的下场。"……这样的女人，脸上大都挂着沧桑，精神落寞，眼神中略含忧伤，但是却看得出，她已经完全从当初那种刻骨铭心的痛苦中咬牙挺过来了。

在情场上犯错、受伤，是每个女人都可能会经历的事情。因为我们都曾经年轻过，年轻就意味着不成熟，容易受诱惑，更容易受伤。

祥林嫂是鲁迅小说《祝福》中的一个典型的爱重复自己不幸的女人。她小小年纪便死了丈夫，成了寡妇，然后又差一点被婆婆卖掉，于是，便连夜跑到鲁镇，来到鲁四老爷家帮佣，因为不惜力气得到太太的欢心。不料婆婆把她抢走与贺老六成了亲。在此期间，她并没有停止向人抱怨她的不幸，很是招人讨厌。

贺老六忠厚善良，为凑钱还债累病而死，儿子也被狼吃掉，于是祥林嫂又回到鲁四老爷家。纵然她遭遇了种种的不幸，但是她却总把过去的"不幸"挂在嘴上,向周围的人一遍一遍重复自己曾经的痛苦,遭人厌嫌。当她在祝福晚上兴冲冲端出供品时,鲁家大加责骂,于是从此她精神萎靡,做事心不在焉,被鲁家赶出去当了乞丐,在一个祝福之夜,她便死在了漫天风雪中。可以说,祥林嫂是中国劳动妇女的典型。她的悲剧,很大程度上在于她总将自己的不幸挂在嘴上。

很多时候,那些所谓的"坏运气"都是来转化我们的,其实就是告诉我们什么地方出了问题。只要我们着力解决存在的问题,"坏运气"就自然烟消云散了。没有什么错误或不幸能"永垂不朽"地左右我们的人生,人生的意义的确不在于拿一手好牌,而在于打好一手坏牌。

在情场上,每个人都不可避免地会犯错,遭遇痛苦,但是,这些都是我们不断走向成熟和完美的必经之路。要知道,成熟的女人是富有魅力的,而女人所谓的成熟就是要不断地丢掉自己不喜欢的东西,再难也别忘记让自己开心,失恋和笑容总能够让我们离幸福更近一步。

苏岑说,在情场上,能让世界低头,是一种霸气!让自己放手,也是一种魄力!放手,不是距离上的放手,而是内心真正地放下。张小娴也说:"当你学会放弃,你才可以承受一切的失望和谎言。我什么都可以不要了,你还能拿我怎样?"这里所谓的"放手""放弃",其实是告诉女人:在任何时候,都要学会放弃一段错误恋情给自己带来的伤痛,这里的放手,主要是指从心理上进行"放手"。

美国作家路易丝·海在她的作品《女人的重建》中这样写道:在任何时候,女人的一切都掌握在自己手里,女人在任何年龄段都可以重新开始,一个人不幸地活了半生,并不代表她将永远活在不幸里,关键是要给自己重生的机会。

美女 CEO 王潇说:"就算你为他已经投入了很多时间和钱,该离开的时候也要利索点儿离开。勇于承担恋爱的沉没成本,是展开新生活的前提。"富有魅力的女人在恋爱时,就该拿出勇于结束一段错误爱情的气魄来,但是前提是:别让这种失去后的痛苦缠绕你!

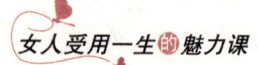

· 魅力女人修炼法则

富有魅力的女人，当她发现一个爱自己的男人去爱了别人，只会选择义无反顾地离开。对于她们来说，号啕大哭是最无能的表现。痛是巨大的，但要在无人知晓的地方悄悄地流泪。能够擦干眼泪，满脸笑容地面对生活的女人，内心是强大的。对于这种魅力女人来说，男人的不爱只是一种小伤，或者说只是一种预料之中的伤害。

舌灿莲花，做魅力场上的"大赢家"

魅力女人的金字招牌是什么？有人说是美丽的外貌，有人说是优雅的谈吐，有人说是精心的装扮，有人说是善解人意的爱心。在这样一个重魅力、拼才艺的时代，好口才其实也是女人获得成功与幸福最不可或缺的元素。

会说话的女人才是最出色的，才是最惹人爱的。因此，作为女人，你可以不漂亮，可以不聪明，但不要为此耿耿于怀，你完全可以通过提升自己的说话水平，为你的魅力加分。因为说话是唯一可以通过自我修炼、提升自我的秘密武器。

22. 女人如花，但请别做"喇叭花"

☆ 爱惹是非者，必是是非之人；若在背后损他人十分，就会自损七分。

☆ 世界上最可怕的不是杀人的利刃，而是杀人不见血的流言。有时候，它甚至比"流感"还可怕，一旦发作起来，便会不可收拾。

☆ 这个世界上没有不透风的墙，流言蜚语就像柳絮一样，遇到风就会随处飘散，而且风越大，吹得就越散，波及的面就越广。搬弄是非犹如毒药，一旦食用，不仅会伤人，还会伤己。

☆ 一个女人嘴巴那么狠毒，即使面若桃花，也会让大家觉得她满身是刺，接近她就会被刺伤。

　　女人无论美丑，都是一朵花，透着水汽，透着鲜嫩，透着香韵。身为女人，你可以呈现出百种姿态的美，但永远别做永不闭嘴四处传播别人谣言的大"喇叭花"，一旦有所耳闻，马上像大喇叭似的宣扬到周围的各个角落。所有的人都说：有女人的地方是非就多。

　　一个"喇叭花"式的爱传播小道消息、搬弄是非的女人，即便是面若桃花、身材婀娜，也没有任何魅力而言。会说话，并不代表要多说话，话多的女人一点儿也不可爱，除了别有用心者，没有人真正喜欢以话传话的女人。真正有魅力的女人，什么都知道，可往往什么都不说。在任何情况下，她们都能保留一份清醒和自知之明。她们明白，舌头是生活中招致祸端的根源，以话传话，论人是非，除了能够排遣内心的郁闷和空虚外，别无他处，还会遭人忌恨和厌恶。

　　据日本心理学家研究表示，爱传播小道消息、背后爱论人是非是女人的一种心理需求。大多数只是一种内心情绪的转移，以排解内心的空虚。有些爱议论的"喇叭花"只是因为嘴闲，随口说说而已；有些则只是想发发牢骚，而有些人则是在捕风捉影、以讹传讹，有的人却是由于嫉妒。

　　又有调查显示，朋友、亲人等熟悉的人往往是自己议论得最多的人，而且多是负面的评价，但这并不代表讨厌他们，只是因为彼此之间很熟悉，潜意识中觉得危害比较小。但是，在背后传人闲话，论人是非并非是一个好的解压方法，只会在不自觉间加深对对方的憎恨、成见，最终造成双方关系不持久、不牢固，甚至还会给自己招致不必要的麻烦，让你的人生受阻。

　　在办公室里，张欣是个标准的"喇叭花"，一有时间便和同事在背后议人是非。

　　"我经常看到销售部张艳和小陈在一起，工作那么长时间了，配合得那么默契，而且两人经常出差。我还经常看到他们经常一起外出吃饭，他们俩会不会在谈恋爱啊！"

"对了，我前天还看到他们一起在咖啡厅里搂搂抱抱，可亲热呢！"

"哎呀，真是不得了！"

但实际上，张艳和小陈只不过是正常的同事关系，工作配合得默契一些。前天在咖啡厅的那个姑娘只是小陈的表妹，根本不是张艳。

午休时分，她还经常向同事谈论老板的私事。什么唱歌拿手曲目是姑娘啦，什么吃饭时看到美女眼神很色啦，什么他最喜欢电眼美少女林志玲啦……于是，张欣便很快成为众人的焦点，没过多久，她便被解雇了。

传人是非是一服毒药，一旦食用不仅伤人，还会伤己。被波及的人会引起一些不必要的纷争，同时也会把女人八卦的本性暴露无遗。一个随意议论他人的"喇叭花"，在她身上看不到任何的美丽和高贵，她诋毁别人的语言，只会让你觉得她是一个极其肤浅、毫无修养的悍妇。

搬弄是非的"喇叭花"是惹人嫌的，你在她们的身上看不到一点高尚的情操。她们喜欢捕风捉影，喜欢夸大事实，往往造成不可挽回的后果，这个时候多么美丽的女人都会显得十分的可恶。那种不能光明正大说的话也是出于小人之心，后经过小人之口传达出来。所以有智慧的女人不会搬弄是非，也能管好自己的嘴巴，她们深刻地了解搬弄是非不仅有损自身的形象，还会让自己陷入那种因搬弄是非而引起的纠纷中。

· 魅力女人修炼法则

1. 一个背后喜欢说人坏话的女人，无论她长得多么漂亮，你从她的身上都看不到任何的高雅。

2. 魅力女人，她做人的原则中始终有一条是：对别人的隐私，要做到沉默是金。

3. 审慎地谈及他人忌讳的话题，避开无谓的"口舌之争"。

4. 说话要讲究场合，及时弥补语言上的失误。

23. 话出口前先"拔刺"，以免伤人害己

☆ 在最困难的挣扎中，有人投以理解的目光，你会顿感一种生命的暖意！推己及人，你的一句赞美的话，也会温暖另一个人的心灵，给他一份勇气和信心！

☆ 一位作家说，要想杀死一个人，不必用刀子，只需日日口中带"刺"，先挑他的错处，再刺他的痛处。可见，人，永远是需要认同感的。如果没有了被认同感，就没有了向上的动力，人最关心的是那些能给他带来心理满足的人。

要做交际场上的魅力女人，就要先管好自己的嘴巴，话出口头前先"拔刺"，少揭"伤疤"，少挑错，少刺对方的痛处。这是让你赢得好人缘的前提。

女人要明白，每个人都需要被人所认同，你提及对方的得意之处，就是认同对方，而这也无疑让你获得了好人缘。同时，每个人都不喜欢他人触及自己的痛事、憾事、错处、短处、隐私或者使自己感到难堪的事，如果这些被人当面说出来，无疑是等于打了人家一记大耳光，也无疑是往对方的伤处撒盐。而你刺伤了对方，除了招致对方的怨恨、报复等将一无所得。说话带刺，揭人"短处"或"伤疤"的女人，也是在自毁形象，这样的女人与魅力无缘。

《红楼梦》中造成宝黛爱情悲剧的原因首先在于林黛玉尖刻、孤傲的个性。她之所以不受人欢迎，就在于她说话总爱带着"刺"，刺人伤己，正所谓"见一个打趣一个，仿佛一面镜子，映照出他人的种种丑陋和可笑"。

史湘云的舌头有点儿大，说话爱咬舌，常常把"二哥哥"喊成"爱哥哥"，为此，黛玉便嘲笑她说："偏是咬舌子爱说话，连个'二哥哥'

也叫不上来,只是'爱哥哥''爱哥哥'的。"说话咬舌头,是史湘云的生理缺陷,这是十分忌讳的,可黛玉却偏偏揭"伤疤",果然,史湘云也生气了:"她再不放过人一点,专会挑人,就算你比世人好,也不犯见一个打趣一个。"

正所谓"人要脸,树要皮",林黛玉从来没有想过像薛宝钗那样用谦恭的态度赢得人心,只会凭着任性和耿直的心态,看不惯什么就说什么,她偏不向人情屈服,受人情左右,更是将"人情"的隐私之处暴露无疑。

薛宝钗则不同,她与人相处随和,与人说话前总会先拔"刺",从对方得意之处说起,甚至连劝人都让人感到舒心。

关于金钏的死,薛宝钗为了劝解王夫人是这样说的:"姨娘是慈善人,固然这么想。据我看来,他并不是赌气投井。多半他下去住着,或是在井跟前憨顽,失了脚掉下去的。他在上头拘束惯了,这一出去,自然要到各处去玩玩逛逛,岂有这样大气的理,纵然有这样大气,也不过是个糊涂人,也不为可惜。"这话一出口,便让王夫人心中宽慰不少。

"善良"是王夫人极为得意的事,而宝钗开口先从这说起,王夫人自然愿意听,而且心里也会宽慰不少。所以,要做人人都喜欢的富有吸引力的女人,首先要练好你的口才,话出口前先拔"刺",不去揭人"伤疤",揭人短处,以免伤人害己。

俗话说,"矮子面前莫说短话",别人或许有生理上的缺陷,或许家庭不幸,或许在为人处世方面有短处,他们本身就已经够痛苦的了,如果我们再雪上加霜,"哪壶不开提哪壶",伤了别人不说,自己也得不到什么好处,到头来只会两败俱伤。

总之,说话分场合,分对象,不犯别人忌讳,多赞美,多夸奖,是一个魅力女人首先要遵循的原则。

· 魅力女人修炼法则

　　魅力女人要遵循的说话原则：1. 别向他人过多地解释自己；2. 别在喜悦时许下承诺，别在忧伤时做出回答，别在愤怒时下决定。

24. "口头牛人"形象，撑不起你的气质

　　☆ 要做魅力女人，谈论事情一定要抛开吹嘘，绝不要絮絮叨叨地对别人谈你个人关心的事，以及自己的私事。你对这些事虽然兴趣盎然，而别人却会讨厌觉得有粗鲁之嫌！

　　☆ 常言说："面子是别人给的，面子是自己丢的"，大胆地公开自我批评，并不是失面子的事，而是给自己争面子的。凡是有修养的人都不会随意夸耀自我与表现自己！

　　爱吹嘘，是男人的天性，但一个女人如果有吹嘘的毛病，便会胜男人十倍。这样的女人是名副其实的"口头牛人"，只要有一点优点或成就，便夸大事实，在人前炫耀自己有多么了不起。这样往自己脸上"贴金"的行为，无非为了填补内心的虚荣，撑不起你的气质。有句话是说："一个人越是炫耀什么，就说明他越缺少什么。一个人越掩饰什么，说明他越自卑什么。"一个想要靠吹牛来赢得他人尊重或夸赞的女人，只会招来他人的鄙视，不仅仅会破坏她在人们心中的形象，连由外在美貌支撑起来的吸引力也会遗失殆尽。

　　一个爱吹嘘的女人，当她在一件事上无法达到自己的目标时，就会暴露出她的"口头牛人"倾向。她的"牛人"经历，包括自己家的房子有多大，老公有多疼爱自己，家里的孩子有多听话，自己的工作有多么体面，自己在公司的地位有多高，功劳有多大……总之在她的吹嘘下，

自己就是一个超级完美的女人，超级受欢迎的大众情人，无论家庭还是工作，她都能应付得无可挑剔。其实，这样的女人，内心一定是空虚的，多半也是无能力、无成就或不幸福的。

张晓是个高学历且长相漂亮的女人，按理说，这样的女人该是受人欢迎的。但在办公室里，她的人缘却并不好，这主要源于她爱吹嘘的毛病。

"我老公最近做生意赚了一大笔钱，刚买了一套 400 多平方米的别墅，我星期天什么也没干，研究装修方案，可伤脑筋了！"

"我家儿子又在学校得奖学金了，哎，这孩子真是太争气了，和别的孩子就是不一样，学习方面都不怎么让我管！"

"上周老公去韩国，刚给我买了一款名牌新包，太体贴了……"

其实，同事们刚开始听了这话，都表示出羡慕来，但她总是将这话挂在嘴边，久而久之便招人反感，尤其是部门的女同事。实际上，张晓是个家庭不幸的女人，老公因为忙于生意，抽不出时间来关心她，孩子经常不在家，多数时间都在婆婆那里。对于自己的种种"不幸"，她也只有靠吹嘘来填补内心的痛苦了。

女人要记住："口头牛人"形象，撑不起你的面子。你夸夸其谈的样子，只会显示出你毫无内涵，这会稀释你的吸引力，削减你的魅力。

一本叫《圆舞》的书中有这么一句话，真正有气质的淑女，从不炫耀自己所拥有的一切，她不告诉人她读过什么书，去过什么地方，有多少件衣服，买过什么珠宝，因为她没有自卑感。不可否认，这样的女人是自信的，有底气的，淡定的，既便面对别人的夸赞，也会嫣然一笑，那种谦虚的气质，具有迷人的吸引力。

其实，越是有底气的女人，越不会吹嘘。因为她的成就已经获得了社会大众的认可，再也不必以自我吹嘘的方式显示自己。而且，不管旁人如何地评价，她仍旧能气定神闲，不为所动。反之，在公司或机关中，常扮演"口头伟人"形象的，大都是低层人士。他们之所以傲慢、

爱吹嘘，不外乎是为了显示自己的存在，希望获得大众的承认。这样的女人，注定与魅力无缘。

在情场上，爱吹嘘的女人，也往往是不受欢迎的。她们总将自己描绘成人中的"凤凰"，首先会让男人感受到更大的压力。接下来，等她们的缺点暴露出来之后，便会令人生厌。所以，女人永远不要故意去塑造自己"口头伟人"形象，你的面子、你的优秀、你的魅力是通过一件件事情表现出来的，而不是靠你的嘴巴"吹"出来的。

· 魅力女人修炼法则

1. 女人的美丽，来自端正的五官、丰富的内涵、恰当的装扮，再加上自信，还有健康的心态，绝不是吹嘘炫耀。

2. 只有姿色与内涵平庸的女人，才会经常靠吹牛来缓解内心的不平衡。

25. 唠叨，是你人缘恶化的"头号暗礁"

☆ 陶乐丝·迪克斯认为："一个男性的婚姻生活是否幸福和他太太的脾气性格息息相关。如果她脾气急躁又爱说话，还没完没了地挑剔，那么即便她拥有普天下的其他美德也都等于零。"

☆ 为什么有一些女人能让男人永不厌倦，不管外面的风景有多好，他总是眷恋着身边这盆鲜花？而有的女人则让男人一看拔腿就跑，躲得越远越好？答案就是：你的存在，是否让对方感到舒服自在。人际关系也遵循这样一个规律，让对方舒服，是和谐交流的第一步。可以说，爱唠叨不仅是让男人无法舒服自在的最大恶敌，也是让女性厌恶至极的行为。爱说话，爱唠叨，喋喋不休的女人即使再有才华，再妙语生花，也无任何吸引力而言。

无论是在婚恋场上,还是在交际场上,总有这么一撮"唠叨女":她们嘴巴张合的频率极高,总是喋喋不休,叽叽喳喳,没完没了,让人烦不胜烦。这样的女人,无论走到哪里,都唱主角,无休止的唠叨让她们像苍蝇一样想被人驱赶。时间一久,她的人际关系便会恶化,人人避之而唯恐不及。

对此,女人还大惑不解:能说会道,能言善辩,该是被人当优点来夸赞的啊!我的问题究竟在哪里?不错!依照常理,表达自我并非是错事,但若是整日都喋喋不休,说个不停,那便招人嫌了。可以说,唠叨是女人人缘恶化的"头号暗礁",在防不胜防间,就会让她们辛苦搭建起来的"人际网"瞬间破裂。

"老板老是和我抬杠,真不知道我哪里得罪他了!"

"为什么他总是和我作对?这家伙真讨厌!"……

在生活中,很多女人都会因为某种问题,向同事或好友喋喋不休。但是,这些看似无伤大雅的话语,却是交际场上的"暗礁",是一种杀伤力和破坏性极强的武器,它会让其他人对你产生一种避之唯恐不及的感觉。要是到了这种地步,相信你周围人再也不会愿意搭理你了。

另外,在情场上,女人的唠叨也是导致"男人缘"恶化的头等"暗礁"。它能一次性地将女人苦心经营和悉心建立起来的幸福和感情在一夜之间摧毁。

据统计,男人讨厌女人做的事情之中,排在首位的便是爱说话,这远高于排名第二的"不爱打扮"。一向好色的男人宁可忍受丑女,也不愿忍受爱唠叨的女人。

刘华经常向周围的朋友诉苦:"我娶了个'唠叨皇后',再也受不了她吹毛求疵、无休无止的抱怨和骚扰了,我只想解脱。"

原来,每天刘华下班后一回到家,老婆便会唠叨个不停。她指责他早上出门时忘了带钥匙,抱怨邻居把一个吃剩的苹果核扔到门前,讽刺院子里的小华小小年纪竟然对她不礼貌……刘华上一天班,原本感到很累了，回到家只想安静下来好好休息一下，但是老婆的唠叨却像紧箍咒似的让他越听越头疼。

长此以往，因为害怕她的唠叨，现在一到下班时间刘华就开始头疼。于是，他主动向老板要求加班耗时间，或者干脆到朋友家里去凑合，夫妻之间的感情几乎荡然无存，刘华只想快点儿解脱。

卡耐基在他的《人性的弱点》中说过：唠叨是爱情的坟墓。聪明的女人，如果你真的爱他，希望得到他的宠爱，想维持家庭生活的和谐，就停止唠叨吧！女人爱说话就像漏水的龙头一样，能将男人的耐心消耗殆尽，会让男人感觉受到限制和压力，同时潜意识中会有一种不被信任的感觉，不知不觉地将对方推向分裂的边缘。

其实，女人的唠叨就像一把锋利的杀人不见血的刀，会让他认为女人是在管教他、抱怨他、催促他，从而产生逆反心理，并且逐渐积累起一种憎恶感，导致家庭矛盾甚至家庭的破裂。这是爱情和幸福婚姻的杀手，所以，要做个人缘好且幸福的女人，一定要减少开口的频率，管好自己的嘴巴。

> **· 魅力女人修炼法则**
>
> 1. 苏岑说："男人讲话是恋爱手段，沉默寡言与不善言谈的男人不受女人欢迎；女人讲话是恋爱目的，交男朋友也是为了找到一个可以无所顾忌畅所欲言的人。"
>
> 2. 美国专栏作家陶乐斯·迪克斯说过："男性选择太太的首要条件是性格乐观，让他们和一个板着脸，啰里啰唆的女性吃牛扒，还不如在轻松快乐的气氛中吃粗茶淡饭。"

26. 学会幽默,做人际场上的"发光体"

☆ 一个人的幽默感就像是装上了减震器的汽车一样,能使坎坷的人生之路变得平坦。没有幽默感的人,生活路上的每一个小石头都可以让车身摇晃。

☆ 林语堂、汪曾祺、梁实秋都说过,自己偏爱那种幽默的女性,所以幽默的女性才能聚集男性的目光,幽默可以让一个女人价值不菲。而且在许多男性的心中,已经把女性的幽默放在了和美丽同等重要的地位。

要做交际场上的魅力女人,幽默是绝对少不了的。它是缓解你与他人之间关系最佳的润滑剂,能使人在开怀大笑中显得轻松自然,能使严肃紧张的气氛变得轻松、活泼,也能让人感受到说话者的温厚和善意,使你的观点更容易让人接受。

一些交际达人认为,与一个颇具幽默感的女人相处起来,会觉得亲切、快乐并且没有约束感,懂得幽默的女性能够很轻松地面对生活,同时也能让身边不开心的朋友如沐春风,心情荡漾。可以说,一个女人只要有了幽默的谈吐,即便她长相普通、打扮一般,也能散发出光彩,引人注目。

生活中,那些幽默的女人,在社会交际中能散发出惊人的魅力,会让人情不自禁地向她靠拢。她也许没有华丽的外表,也许没有魔鬼般的身材,但是懂得用幽默装饰自己的女人,将会成为社交圈的"焦点",成为人际场上的"发光体"。

不可否认,幽默能够显示出一个平凡女人的风度、素养和吸引力,懂得幽默的女人的不仅仅能够给身边的人带来轻松和愉快,同

时也能为自己带来超高的吸引力。英国的思想家培根说过："善谈者必善幽默。"幽默的女人吸引力在于，话不须直说，但是却让人通过曲折含蓄的表达方式心领神会，避免了很多生活中的尴尬。幽默的女人具有难得的气质，幽默是智慧的一种体现，有气质的女人是难能可贵的。

幽默虽不是一种外显的武器或力量，但它是智慧与知识的结晶，是一个漂浮在人类机智海洋上的精灵。它会使你在处于四面楚歌的绝地时，处于受人非难的尴尬时，助你走出危险，脱离险境。

幽默能够更好地解除尴尬，同时幽默也能体现出一个女人的可爱。幽默的女人能够给平日里琐碎的生活添加几分韵味和情趣。美国著名作家拉布说过："幽默是生活波涛中的救生圈。"凡是有幽默的地方，气氛就会和谐，同时还可以化解来自对方的压力，让自己生活和工作的环境更为和谐、快乐。

> **· 魅力女人修炼法则**
>
> 1. 一个没有幽默感的女人，就像没有香味的鲜花，只徒有一个形体，却少了精气神。应该说，幽默是上苍赐给女人的一件魅力的法宝，让一个懂得幽默的女人受到更多的欢迎，赢得更多的疼爱。
>
> 2. 幽默的女人总是智慧的，因为幽默需要一定的文化底蕴，肚子里墨水少的女人，是学不会幽默的，所以，幽默的女人不简单。也许幽默的女人并不一定美丽，但是她的智慧和灵气会让你觉得她的魅力势不可当，因为她的幽默都是靠她的智慧和文化水平来相衬的。

27. 想口吐"春风"，就要"出其不意"

☆ 最完美的称赞，便是要带给对方出其不意的感觉。令人出其不意的赞美，让你如口吐"春风"般，给人以温馨和暖意，不仅能让你在瞬间赢得他人的好感，而且还让人将你铭记于心。

☆ 女人不一定都爱条件好的男人，但都爱会夸赞她的男人。男人不一定都爱漂亮的女人，但都会爱懂得拿优点鼓励他的女人。一个男人，若总能把女人夸得心花怒放，那就离获得她的爱慕不远了；一个女人，若总能把男人夸得兴高采烈，那就距抓住他的心很近了。

要做交际场上的魅力女人，女人还要学会一种说话技能，那便是赞美。每个人都喜欢听别人赞美自己，一个女人只要学会适时地赞美别人，那她便能焕发出强大的"人际磁场"，使人人为之倾倒。可以说，那种口吐"春风"的潇洒，是赢得他人喜爱的无敌法宝。

"钢铁大王"卡内基曾在 1921 年时出 100 万美元的超高年薪聘请了夏布为执行长。许多记者问卡内基："为什么是他？"卡内基说："因为夏布最会赞美别人，这也是他最值钱的本事。"卡内基甚至为自己写的墓志铭也是这样的："这里躺着一个人，他懂得如何让比他聪明的人更开心。"

由此可见，赞美是人际场上一种强大的力量。赞美别人，仿佛是一支火把照亮别人的心田，也照亮别人的生活。有助于发扬赞美者的美德与推动彼此间关系的健康发展，还可以消除人与人间的龃龉和怨恨。赞美是一件好事，但绝对不是一件容易的事。其实，最完美的赞美，就是

要出其不意，唯有出其不意，才能出奇制胜。

比如，对一位刚刚穿了新裙子的美女，很多人的做法是：先夸她裙子漂亮，再夸她人漂亮。其实，这种赞美并不能打动人心，正确的做法该是：美女穿了裙子，要夸她衣服漂亮。

要知道，美女本来对容貌就有自信，夸的人太多，你的锦上添花不仅不能在她心中激起任何涟漪，相反还会让她觉得你是在恭维她，显得不够真诚。这时候，你只要用赞美声稍事点缀一下她的品位，这样出其不意，让她有如沐春风的感觉，即可赢得她的欢心。

同样的，丑女如果穿了新裙子，要夸她人美。要知道：丑女本身就对容貌缺乏信心，新裙子是为了给自己的相貌加分，丑女最爱的永远是别人对她相貌上的肯定。

赞美一个人身上原本就广为人知的"大众优点"，对被赞者而言，是无足轻重的。但如果你能发现对方身上那些鲜为人知的"小众优势"，对被赞者而言，则是一份惊喜了，会带给她"春风"般的感觉。

就比如，你面对一位西装革履、仪表堂堂的男士，要夸他穿着得体，长相帅气，有风度，等等，很难能赢得他的好感。但如果你当面夸赞他的领带系得有品位，那么，便一定会让他眯眼一笑，并且还对你记忆尤深。

所以说，女人在交际场上想口吐"春风"，那就先请亮开你的慧眼，用一双能发现美的眼睛，从他身上找到他本人也未曾能找到的亮点或优点，那么，你一定能获得他的好感。

要在交际场上焕发出你的魅力，就努力让他人时时处在惊喜的包围中，让他感受到下一秒永远不可预知，他才会对你铭记于心。

- **魅力女人修炼法则**

心理学家克林克曾经做过一个调查，最后他得出来这样一个结论："亲密的人际关系，是要建立在坦诚和真实之上的。"所以，如果想要赞美别人，你一定要真诚，不然的话就显得很虚伪。赞美别人的这种行为，其实质是发自内心地对别人真诚的尊重。这就要求你，要用真心去发现别人的长处，真诚地欣赏别人。只有这种由衷的赞美，才是最打动人的。相反，生硬的赞美，只会起到相反的效果。

28. 善于运用"模糊语言"，巧应妙答

☆ 模糊语言的魅力就在于它能够巧妙化解难题，而又无懈可击。

☆ 每个女人都不可避免会遇到"两难"问题：不回答不行，回答又很难。这时候，不妨用一种模糊的语言去进行应对，不但不会置自己于尴尬的境地，反而显示出你的聪明和机智，使你在瞬间魅力大增。

在交际场上，每个女人都难免会遇到"两难"问题，面对此，有魅力的智慧女人会运用"模糊"性的语言，让自己摆脱尴尬，让他人因为其机智而对她刮目相看。

一位有名的女主持人在电视台主持的节目受到了众多观众的追捧。如今，她回顾起当年电视台主持人选拔过程还记忆犹新。当年，她经过六轮面试，进入到最后一轮，她被问到一个问题：你敢不敢穿比基尼出镜主持？对于这个难题，这位主持人的回答充满智慧："我对考官说，这不是敢不敢的问题，而是合适不合适的问题。"

这样模糊性的回答，让面试官频频称赞她的机智。

还有一次，在节目录制中，她与一位男主持人在现场准备了一个辩论题：女人是嫁得好重要，还是干得好重要？这位男主持负责男性嘉宾的采访，她负责女性嘉宾的采访。男性观众代表认为，女人嫁得好重要，女性观众代表也不示弱，申明干得好比嫁得好重要。当双方激辩难分的时候，男主持就把问题直接抛给了女主持，最终却得到了又一个智慧的回答：女人干得好是基础，嫁得好是必要。这个回答赢得了全场女观众的掌声！

这位女主持面对两个"两难"问题，答案偏向哪方，都会招人不满，如果不回答或者回答出错，也会将她推入尴尬困难的局面。最终，她用一种模糊的回答方式，既让别人难以驳斥，又让自己脱离了困局，充分显示了她的机智，也赢得了朋友的欣赏。

经过一轮轮的面试，张萌终于到了"终极考核"的阶段。这时，对面的考官便问她："请问你对薪水的期望值是多少？"

面对这样的问题，张萌没有着急着回答，而是冷静了片刻。她十分明白，这是考官在故意地"陷害"自己，想要套出自己的心里话。于是，她便灵机一动，答道："我对薪水没有太过苛刻的要求，我所追求的只是一份能够充分发挥我才华和体现我价值的工作，所以，只要条件相对公平，与同行业的待遇差距不大，我都能接受。"

一句这样的回答，张萌便被公司录用了。而公司给她的薪水，远远超乎她的想象。

要知道，面试官向你提出"薪金待遇"问题时，这也说明他在"为难"你。如果你给的报价过低，面试官便会认为你是一个不自信的人，并且偷偷地在心里对你的工作能力打折扣；如果你的报价过高，面试官则会认为你是一个贪婪而又不自量力的人，即便你真的有能力，公司也会忍痛割爱。而张萌则是巧妙地用模糊性的话语避开了这个两难问题，可谓巧妙至极。生活中，每个女人都要学会运用这种说话技巧，以让自己摆脱尴尬的局面。

· 魅力女人修炼法则

　　运用模糊语言巧解妙答，女人需要注意的是，这种避免尴尬的模糊性回答，如果在正式场合，还是不要用为妙。因为它有失庄重，用多了会让人对你的人格产生怀疑，偶然用之则能够显示出你的聪明机智来。

 29. 得理也饶人，才不会沦为"孤家寡人"

　　☆ 人不讲理，是一个缺点；人硬讲理，是一个盲点。在交际场上，"理直气和"远比"理直气壮"更能说服和改变他人。

　　☆ 说话固然要"得理"，但绝对不可以"不饶人"。留一点儿余地给别人，不但不会吃亏，反而还会有意想不到的惊喜和感动。

　　☆ 自古至今，那些能在交际场上发光的女人，靠的绝不仅仅是高速运转的一个脑袋瓜，更多时候归功于看起来朴素、摸起来却结实的一颗真诚的心。

　　要做交际场上的魅力女人，极为重要的一点就是要懂得与人为善，即便是与人发生矛盾，也要懂得宽容，尤其是在得理时，切勿非逼得对方鸣金收兵或投降不可，而要学人饶恕他人。

　　《红楼梦》中，晴雯便是一个得理不饶人的女孩，泼辣爽直，霸道任性，嘴刁心软，经常是理直气壮，得了理便不饶人，直到把对方逼上绝路才肯善罢甘休。甚至对宝玉也不放过，直到让他大发雷霆！最终落得个"孤家寡人"的悲惨下场，直到被送出大观园也没人站出来为她说一句话。最终，她走了，她死了，贾宝玉会伤心难过，但他从来没说过一生一世的承诺！

　　生活中，很多女孩子总是得理不饶人，只要抓住了对方的短儿，就

暴风骤雨来一场彻底的清算。她要让他长记性，她要让他知道自己的厉害！殊不知，你的这种行为，给对方带去的是一种缺乏度量、不讲道理的坏印象，情节严重的还有可能会引起公愤，搞不好还会留下"后遗症"，最终沦为交际场上的"孤家寡人"。身为女性要懂得"得理饶人"，这不仅能够体现出女人宽容识大体的美德，更能够体现出女人豁达的心胸与敦厚的涵养。因此，要做魅力女人，就要在与人交往时，多懂得去宽容和理解，以优雅的交际风度与人和谐相处，以获得良好的人缘。

周兰是公司里的HR，善于与人相处，所以平时人缘极好，深受周围朋友的欢迎。

一次，周兰带领公司员工在一家餐馆聚餐，发现汤里有一只苍蝇，不由得大动肝火。她先质问服务员，对方全然不理睬。后来她便亲自找到餐馆老板，提出抗议："这一碗汤究竟是给苍蝇的还是给我们的，请您解释下好吗？"老板看到此情景，只顾训斥服务员，却全然不理睬周兰的抗议。

为此，她只得暗示老板："对不起，请您告诉我，我该怎样对这只苍蝇的侵权行为进行起诉呢？"

老板这才意识到自己的错处，忙换来一碗汤，谦恭地说道："你是我们这里最珍贵的客人！"显然，周兰虽理占上风，却没有对老板纠缠不休，而是借用所谓苍蝇侵权的类比之言暗示对方："只要有所道歉，我就饶恕你。"

周兰就这样用宽容、幽默化解了双方的窘迫，赢得了大家的一致好评。

俗话说："饶人不是痴汉。"所以，要做魅力场上的女人，当双方的争论已经到了剑拔弩张的时候，占理得势的一方一定要有"得饶人处且饶人"的风范，切忌穷追猛打，将对方逼入死胡同，那样不仅不能辩赢对方，反而还会扩大矛盾和冲突。当然，"饶人"也要讲究语言艺术，这就是力求在无损于双方面子与尊严的情况下达成妥协。要做到这一点，言语方式和言语内容的选择是否恰当就显得极为重要。

· 魅力女人修炼法则

1. 争论中你为得势的一方，欲要以理服人，一方面需要据理力争，另一方面也需要智取。所以，以柔克刚的语言常常能使对方陷入碰软钉子的境地，不失为一种结束争论的最有效的手段。

2. 生活中常有一些人特别固执己见，十分容易为些小事情同别人争论，而且火药味浓烈。这时候，作为得理的一方应当有饶人的雅量，你可以一面解释一面折中调和，最好使用不带刺激性的"各打五十大板"或者"你好我好"的语言形式，以避免冲突的扩大。

---

30. 从"废话"中"唠"出信任和交情

☆ 在交际场上，恰到好处的"废话"，最容易"侃"出人与人之间的信任和交情来。

☆ 苏岑说："世界上80％的废话都产生于酒桌上和被窝里。一端酒杯，男人都变成'喷夫'。一谈恋爱，女人都变成'喷妇'。酒桌上，男人爱用'义薄云天'去征服别人。被窝里，女人则爱用'痴情绝对'去打动男人。信任和交情，有时候就是从废话中唠叨出来的。"

在交际场上，如果你想赢得人心，获得好人缘，一定要学会聊天。很多时候，信任和交情都是从刚开始的"废话"中"唠"出来的。有人说，交际就像打球，一来一往有顺畅、规律的节奏，才是一场宾主尽欢的好球赛。也就是说，交际最讲究的是互动，如果在一个场合，你总是闷声不吭，便会让人觉得你无聊、无趣，也自然不会引起他人的关注，

长此以往，你的人缘绝不会好到哪里去。

当然了，要与对方顺畅地闲聊下去，选择好话题才是关键。那么，在交际场合，哪些是最适宜闲聊的话题呢？

有智慧的女人，在闲聊时，总是会先用"废话"去打开话匣子，以打探对方的兴趣、爱好，然后再选择合适的话题。比如，聪明女人会说，某某歌手新出了专辑，里面的音乐因素相当丰富，很不错；最近有一部叫某某的电影，很是感人；这附近有一个登山俱乐部，听说人气超旺……这些"废话"看似无聊，但却是引出话题，探究对方兴趣爱好的绝佳方式。

当然，聪明的女人还会根据观察现场的情况采用问话的形式，打开话题。例如，你可以说："今天来的人怎么这么多？""今天的天气怎么这么热呀？"等等，对方听到这话，便会主动回答你的问题将谈话进行下去。你还可以根据对方的口音特点，打开交际的话题。比如："听口音您是东北人吧？"等等，也可以使你们的交谈顺利地进行下去。

此外，你还可以聊聊家里的父母、兄弟姐妹等人，可以加深彼此的了解，也可以体现出你对他人的关心。同时，聊聊喜欢的旅游胜地也是不错的话题。旅游几乎是每个年轻人都喜欢的事情，聊一下去过的旅游胜地，也是一种美好的回忆。

如果你是一个对食物有所了解的人，也可以聊聊喜欢的美食。如果在饭馆或酒吧见面，完全可以从聊各自喜欢的美味开始，这是一个令人愉快的话题。谈论美食，你不仅能了解对方的口味，找到共同点，而且再也不用担心没有话题了。如果说到"哪天去吃……"这不就代表你们的关系正在进步吗？

很多时候，谈谈工作虽然不是最好的选择，但也是个不错的话题。一方面可以加深对他的了解，另一方面也可以从他对待工作的态度看出他是哪种性格的人。

总之，你要从"废话"中"唠"出信任和交情，一定要选择那些与你志趣相投的话题，这是极为关键的。还有一点极为关键的是，你一定要学会主动出击，从"废话"开始探寻到有利于聊天的话题或信息来。

> **·魅力女人修炼法则**
>
> 女人在与对方闲聊中，最好不要给对方讲发生在同事身上的糗事。要知道，既便你与对方不在同一职场，但他恐怕一时难以进入到事件的乐趣当中，你需要介绍一大段背景资料，反而冲淡此事的有趣之处。同时，也不要把话题引申到你的工作，最后成了发牢骚或泄愤，那就事与愿违了。
>
> 另外，发生在你朋友身上的趣事就不同了，你可以全方位地引出你这个有趣的朋友，能勾起他想认识这个人的欲望就更好了，你可以顺水推舟地说："下次介绍你们认识。"为你仍愿意与他再次见面找了一个巧妙的借口。

31. 原来，说话也要讲究"黄金比例"

☆ 在交际场上，说话是讲究"黄金比例"的，即话语的"长度"要精准，面部表情要动人，话点要到位。

☆ 在交际场上，很多人"输"，并不是输在"实力"上，也不是输在"能力"上，甚至不是输在"魅力"上，而是输在了不了解对方的一颗心上。

☆ 会说话的女人，不仅能做到"话点到位"，而且还能做到"笑点到位"。正如苏岑所说，她们在上司面前，会笑得含苞待放，一枝小荷才露尖尖角。这代表其踏实稳重，证明自己足堪大用；在同事面前，她们会笑得爽朗不羁，要大珠小珠落玉盘。这证明她们心底无私仗义敢当，同事才会更爱与她共事；在爱人面前，她们会笑得琵琶半遮面，有道是无晴还有晴。这是她们的神秘与拿捏，唯此男人才会更有兴趣探究其心中的内蕴。

　　真正有魅力的女人，不仅身材要讲究"黄金比例"，五官要讲究"黄金比例"，而且说话也要讲究"黄金比例"，即说话的"长度"要精准，面部表情要动人，话点也一定要到位。她们话一开口，便能抓住关键，话语少而精，表情丰富动人，就是连微笑的尺度都拿捏得恰到好处。这样的女人，张口闭口间都散发出迷人的气质，让人不由得心生向往。

　　所谓"说话的长度要精准"，是说智慧女人开口讲话有"引子""正文"和"收尾"。先说问候的话、引出话题就是"引子"，真诚而自然地交谈就是"正文"，适时结束交谈向对方告别就是"收尾"了。她们会将这三个部分处理得恰到好处，让聆听者不仅能抓住核心和要点，而且还能让人意犹未尽，回味无穷。

　　所谓"面部表情要动人"，是指智慧女人讲话，很是注意自己的面部表情。她们与他人交流时，眼神总是坚定的、踏实的，给人一种宽度，一种涵纳一切的包容力。话到激情时，她们的眼睛会比谁都亮，面部总是展露出干净的微笑，给人一种值得信赖的感觉。总之，她们最善于用面部肌肉，传达她们话语中所蕴含的信息，让人在了解她们真实意图的基础上，给予最合理和恰当的解释或援助。

　　所谓"话点要到位"是指富有智慧的女人，不仅懂得用面部表情表达自己，而且还懂得察言观色。面对表达欲望强的人，她们会目不转睛地仔细聆听，并不时地给予点头或回应，以给对方踏实的回应；面对语寡少言者，她们则会不时地插入一些话或者话题，以引导对方与自己更好地交流下去；面对骄傲凌厉者，她们则会闭口不言，做聆听状；面对谦虚低调者，她们则会不时地对其话语或观点给予肯定或赞扬……总之，在任何场合，面对任何人，她们都能游刃有余，应对自如，成为他人值得信赖的朋友。

　　总之，说话讲究"黄金比例"的智慧女人，最懂得与他人之间的互动与交流的艺术，并在不断的互动中，让自己的"人际资源"不断地扩大，坚实。

> **· 魅力女人修炼法则**
>
> 　　智慧的女人说话不仅讲究"黄金比例"，而且还能做到"忠言逆耳"。面对朋友的不足或错误，她们会在充分了解对方心理特点和心理变化的基础上，再借以劝说的技巧，最终使对方心服口服地接受自己的观点、意见或建议。她们说话总是语气缓和、态度和善，能让对方在了解她们一番好意的基础上，对她们心存感激。

善于交际，用智慧引爆你的"人际热量"

　　交际是女人闯荡社会必备的能力，更是安身立命的智慧。富有魅力的女人，一定是交际场上的"大赢家"。她们懂得运用女性的独特优势去赢得人心，也懂得运用智慧去引爆自己的"人际热量"，并为自己创造各种各样的机会。她们善于利用人与人之间微妙的关系，在偌大的社交场上开辟出一块属于自己的舞台，成为人敬人爱的气质女神！

32. 不做"庸俗女"，要做"通俗女"

　　☆ 交际场上，人人都爱和蔼可亲的"通俗女"，而排斥俗不可耐的"庸俗女"。

　　☆ 尊贵、矜持、冷傲……这些在"美丽学堂"里修来的功夫，已经不是女人提升身价的砝码。在交际场合，人们最为钟情的还是有女人味的"通俗女"，这样的女人最大特点就是能适时施展女人的亲和力。它是一种无声语言，但可以让女人还未开口就能散发出强大的人际"磁场"。

　　☆ 苏岑说，"庸俗女"仅爱自己，而"通俗女"有颗爱世界的心，他们能将"雅"与"俗"如奶油和面团一样揉得均匀，等你看时，就是一盘香喷喷人人争抢的糕点了！其实，通俗是一种气质，不需要立太多的规矩，随心、随性，面对周围善意的眼神，她一脸的灿烂，抱以诚心的微笑。

真正有魅力的女人，都是脱了"庸俗"的气质，并能适时适地地以乐观的心态与和蔼的面容主动向周围人示好的"通俗"女人。

在交际场上，人人都喜欢对人和颜悦色、有修养有内涵、言谈举止得体的"通俗女"，而排斥肤浅、没内涵、注重物质、爱说闲话、言谈举止毫无修养的"庸俗女"。

在魅力场上，但凡新女性，都喜欢做人见人爱、暖心暖胃的"通俗女"，而不喜欢做斤斤计较、衣衫不整、爱说闲话且受人排斥和挤对的"庸俗女"。

"庸俗女"和"通俗女"都带一点"俗"气。前者的"俗"是一种惹人生厌的肤浅，她们是朋友眼中的"拜金女"，是老公眼中邋遢的"怨妇"，是同事眼中的"独行侠"，是让人不寒而栗的"冰美人"。后者的"俗"是一种家常味道——暖心，暖胃。她们是街坊大妈口中的"好闺女"，是邻家妹妹眼里的"好姐姐"，也是同行喜欢的"好搭档"，是人人乐于交往的热心肠"好姐们儿"。

为此，好女人，就该拒做"庸俗女"，而做"通俗女"。

电视剧《北京爱情故事》中，杨紫曦便是十足的"庸俗女"，她为了享受物质，不惜牺牲自己的真爱，与同事也不怎么合群，是个十足的"冰美人"，她最终在都市中迷失了自己，也付出了极为惨重的代价。

相反，林夏却是个热心十足的"通俗女"。她是男人眼中知冷知热、温柔体贴的"好媳妇"，是同事眼中善于交流和沟通的"好员工"。在任何时候，她都能遵从内心的真实感觉，坚持自己的爱情原则，从容淡定地活出自己。不矫柔也不造作，拥有十分好的人缘，这样的女人，终究会有个不凡的未来。

可以说，"通俗女"是十足的魅力女人，她们身上总有一种亲和力，能将人与人之间的隔膜消于无形，拉近心与心之间的距离，从而赢得众人的认可。她们在与人交往中总是友善的口吻，脸上也总是挂着不逝的

微笑，能让人在瞬间产生好感。

不可否认，在交际场上，亲和力是人与人之间的黏合剂。如果我们将与他人沟通交流中要说的话比作佳肴的话，那么，盛佳肴的餐具便是亲和力。可以想象，如果这器具总是脏兮兮的令人生厌，那么谁还会在乎其中的佳肴味道如何呢？

为此，要做魅力女人，就要勇于脱去自己身上的"庸俗"气质，拔掉自己身上的"刺"，提升你的内涵，展露你的微笑，用你的亲和力去感染他人，融入人群，做一个人见人爱的"通俗女"。

"通俗女"最大的能耐就是能将"雅"与"俗"如奶油和面团一样揉得均匀，她们没有"雅"得那么高不可攀，也没有"俗"得惹人生厌。她们了解人性，透悟人情，能较好地融入人群，并与其他人融洽地合作共事，这样的女人是最有魅力的。

· 魅力女人修炼法则

1. "通俗女"会恰到好处地在社交场合展示自信，她们的自信是脚踏实地的，不过度地标榜自我魅力，迷恋自己。为此，她们才极容易被人所接纳。

2. 在社交场上，"通俗女"从不过分地展示自我魅力，而是会努力让别人感到她有魅力。她们善于用亲和力向他人表达自己的友善，从而很容易便能获得良好的人缘。

33. 成功"推销自己"，就要敢于亮出"缺点"

☆ 交际，最重要的就是"自我推销"。每个人固然都要推销自己，但并不代表每个人都懂得如何推销自己。

☆ 与其靠找优点去推销自己，不如去亮"缺点"更能得到他人的认可。把你的"缺点"先亮出来后，你的优点就会给别人带去惊喜和意外的感觉，从而使他人对你产生兴趣。

所谓的"交际"，其实就是得到别人认可的"自我推销"的过程。择业、交友、谈判、相亲……每一次都是一场自我推销。而如何才能把自己很好地推销给别人，让别人乐于接纳，却是一门技术活。

在交际场上，很多女人可能都认为，要推销自己不就是尽全力把自己的优点亮给对方吗？只要你优点多多，别人怎么会不接纳你呢？

其实不然，你的优点多多，别人会觉得你过于自大，盲目自信，很容易会对你不屑一顾。就像在商场上卖东西一样，促销人员总把自己的产品说得天花乱坠，完美无瑕，最终会让消费者产生逆反心理：故意这么"吹"，无非是想让我买产品，我偏偏就不买！看你能把它吹到天上去！最终的销售结果往往是强差人意。

那些商场上真正优秀的销售员，都是先拿产品的缺点来说事儿的。

"这电冰箱性能好，容积大，但就是有点儿费电，而且价格显得略高一些！"

"这款面膜非常温和，对皮肤没有任何伤害，就是不知道这种香味你是否能够接受？"

"这件衣服的面料柔韧性很好，很是舒适，就是得干洗，否则容易起皱！"

……

当销售员在透露这款产品的"缺点"时，顾客就会在心中反复地掂量：是向价格和电费妥协，还是向方便快捷妥协？是向化妆品的质量妥协，还是向味道妥协？是向衣服的质地妥协，还是向稍有些烦琐的洗涤妥协？……顾客如此反反复复在心中掂量，也就等于把你介绍的商品当成了自己的购买对象。这也就意味着，顾客对商品投入的心思更多了一些，其选择的概率自然也变大了。

同样，"推销自我"也是这样的一个过程。

在交际场上，绝大多数女人都会先把自己的优点展示给别人，而到后来，其慢慢暴露出来的都是她的"缺点"，如此，她带给人的往往是失望和恢心，那么，以后大家对她的兴趣便自然会逐渐减退。

相反，如果你事先向别人展露的是你的缺点，比如，你会向对方说：

"我这个人很情绪化，脾气不太好，请您以后多多担待！"

"我这人有点懒惰，是个标准的'起床困难户'。"

"我本人有点完美主义，以后挑你的'刺'时，你可别生气哦！"

……

当你这话说出口，一方面大家都会觉得你是个谦虚的女人，另一方面，你先把缺点展露出来，大家在以后便很容易发现你身上的"优点"，也就是说，在以后与他人相处中，你带给别人的处处都是惊喜，那么，别人自然也会对你越来越感兴趣，你也自然会拥有和赢得良好的人缘。

· 魅力女人修炼法则

1. 一位作家说，在与人交往中，一个很重要的乐趣就在于：不断发现别人身上的优点，而非缺点。如果你事先懂得有效地引导他人关注你所指出的缺点，那么，便很容易让人在以后发现你的优点。

2. 要知道，你事先所暴露的这些缺点，通常是你早有所准备的、能应付得来的，说到底，这些东西不会对你产生太大的负面影响。你先把它指出来，在别人的心理上已经产生了一定的免疫力，从此，他们给你挑错找碴儿的心思，就会少许多。

34. 做男女皆赞的"双人缘"强悍女

☆ 苏岑说，女人，要学会与异性相处，这是一门情调艺术，可以让你的人生更动人心弦；女人，也要学会与同性相处，这是一门实用技术，这是你人生舒不舒服的关键所在！

☆ 但凡在男人堆里受欢迎的女人，到了女人群里却会遭排斥；但凡受同性欢迎的女性，在男人那里却又往往不受欢迎。为此，要做魅力女人，就要努力做男女皆赞的"双人缘"强悍女。

作家苏岑认为，女人多数分为两类：一类是"异性交际型"，即为善于与异性和谐相处，这类女人多是长相漂亮，善解风情，辅以嗲嗲的声音和美丽的笑容，往往成为男人疼爱的宝贝；一类是"同性交际型"，即善于与同性和谐相处，这类女孩一般长相一般，心胸开阔，开朗活泼，没心没肺，不招摇，不炫耀，憨厚可爱，却不怎么讨男生喜欢。也

就是说，讨异性喜欢的女人，在同性圈中却很难"吃得开"。同样，讨同性喜欢的女人，在异性圈中却不招待见。这主要源于男女对"好女人"的标准不同。

男人眼中的"好女人"就是要风情万种、带点娇气、相貌如花、嗲声嗲气、笑容勾魂；女人眼中的"好女人"就是要做风正派、心胸开阔、面容和蔼、开朗乐观、笑容甜美。所以，男性心目中的"万人迷"，往往会被女人骂作"狐狸精"；女人心目中的"好姐妹"，却被男人视为"无味女"。

由此可见，身为女人，要做到男女皆赞，也是件不易的事。

但是，交际场上，却有这样一种智慧女人：她们总将自己打扮得很精致，但却在女人堆里显得不出挑，对她们来说，外在的装扮只是彰显自我品位的一种方法。她们有极高的修养，优雅的姿态，向谁都展露甜美的笑容。除了穿衣打扮低调外，她们在其他女人面前说话办事也从不张扬，不炫耀自己的日子过得有多好，收入有多高，而且还会适当地用赞美抬升其他女人。在男人面前，话不多，但三言两句却能击中要害。一个甜美的笑容、一个娇弱的姿态，便能让男人欲罢不能，浮想联翩。

可以说，这样的女人，处世大气，富有爱心和热情，总能设身处地为他人着想，但又能在男人面前显露出小女人的姿态来。这样的女人让男人着迷，让女人难忘，是男女皆赞的"双人缘"强悍女。

《女人帮》中的陈青霞便是这样一位"双人缘"魅力女人。她富有爱心和热心，优雅端庄，长相迷人。在姐妹圈中，她是大姐大，她经营的会所，经常是姐妹们的聚集地。她懂得与自己的姐妹相处，一杯红酒，几杯咖啡，便能让大家畅所欲言，乐不可支。

当姐妹们遇到婚恋难题时，她总是会如指点迷津一般给人以安慰和劝解。同时，她富有爱心，总给西藏一所孤儿院去提供人力和物力上的援助。

在男人眼中,她也是风情万种的"万人迷",妆容精致,说话温柔。从不围绕某个男人转,始终在爱情中保持自我,只快乐地做自己。她富有神秘,一个眼神,一种举动,便会让男人欲罢不能,为她着迷,是诸多优秀男士迷恋的对象。

其实,做男女皆赞的"双人缘"强悍女,极为重要的一点,就是要富有爱心。一个热心善良的女人,没有哪个男人会拒绝,也没有哪个女人会讨厌。

同时,也要低调,不张扬,这是获得良好"女人缘"的前提。要精致,富有品位,这是获得良好"男人缘"的前提。

· 魅力女人修炼法则

1. 苏岑说,如果你非想试试做个"双人缘"强悍女,那可以告诉你一个诀窍:见了男人,要巧笑:见了女人,要傻笑。

2. 不要对着关系一般的人"撒娇",没人会觉得你这样很可爱,反而成为你"轻浮"的有力证据。

3. 别让你的"出众"成为别人的负担,尤其是你扬扬自得地炫耀自己,展示你高人一等的优越感时,别人怎么会喜欢上你?

4. 谁都不愿意承认自己是陪衬鲜花的绿叶,谁都不甘心笼罩在别人的光环下默默无闻。那么,请保护别人的尊严。

35. 不用伎俩去战胜人，要用气量去征服人

☆ 人际交往，如果变成了伎俩之争，那生活便也无趣味可言。

☆ 魅力女人，切勿用伎俩去战胜人，而是要用气量去征服人。用伎俩去战胜别人，你多的可能是一个敌人；而用气量征服别人，你则多了一个同盟。

☆ 但凡人际场上的大赢家，靠的不是高速运转的脑袋，而主要是朴实、简单的一颗诚心。

美国纽约曾发生过这样一件事情。

一个盗贼将刀子藏好后敲开了安妮的家门。

聪明的安妮从他的眼神里便看出了凶狠，但是她却没有惊慌和害怕，而是以柔和的语气说："请进来喝杯茶吧！"她将盗贼请进了家门。

盗贼进门后，安妮便忙着为他泡茶，拿水果，并始终对其抱以微笑。盗贼的心在一瞬间变得柔软起来，喝完茶后，就离开了。

这本是一桩盗窃案。一般情况下，人们都会采用强硬且巧妙的伎俩，将盗窃者绳之以法。但是安妮却没有，她只是用柔和的语言，一颗热情的心，最终感动了对方，免去了一场劫难。可以想象，如果安妮运用伎俩，一旦失败，后果将不堪设想。所以，在交际场上，聪明且有魅力的女人善于用气量去征服人，而非靠伎俩去战胜人。

一个靠伎俩去战胜别人的女人，心中装满了"机关"，最终只会害人误己。就像《红楼梦》中的王熙凤，机关算尽，反丢了卿卿性命。相由心生，有心机的女人，脸上都是恶相，容易让人生厌，毫无魅力可言。相反，一个有气量的女人，则都有宽阔的胸怀，她们懂道理、明事理、知进退、包容人。一个有气量的女人，其得体的举止、优雅自然的谈吐、大方的待人接物的方式,会给人一种舒适、亲切且随和的感觉。这样的女人,还没开口说话,便能事先征服人心,获得他人好感。

有气量的女人不会随心所欲,唯我独尊,而是懂得善待他人,善待自己,认真地关注他人,真诚地倾听他人,真实地感受他人。尊重他人,就是尊重自己。真正的气量来源于一颗热爱自己、热爱他人的心。这样的女人有着很好的心态,面对他人的无故指责,也不与其争论,而是会置以微笑,报以宽容的态度,从根本上让人心服口服。

经过几番周折,玛丽终于在一家珠宝店找到了一份售货员的工作。为此,她格外珍惜这个来之不易的机会。

然而,就在圣诞节的前一天,一位30多岁的顾客进了一家商店,穿着非常干净,看上去十分有修养,但是从他的面容上看却让人感觉像是遭受了失业的打击。这时,店里所有的售货员都出去了,只剩下玛丽一个人。

玛丽像往常一样,向对方热情地打招呼:"您好,先生,您想要些什么呢?"这位男子便不自然地笑了起来,十分尴尬地说道:"小姐,我只是随便看看。"然后,他的目光迅速地从玛丽身上移开,只是在店中转着随便看。

这个时候,电话铃声响了,玛丽说要去接电话。她一不小心,就将摆在柜台上面的盘子打翻了。盘子中只有6只精美昂贵的金耳环。这个时候,玛丽便慌忙地去捡,但是只捡到了5只。她顿时惊慌失措,就反反复复地去寻找,怎么也找不到丢失的那一只。然而,就在男子将要走到店门口的时候,玛丽轻声地叫道:"先生,请您稍等一下。"

男子转过身来,两个人相互对视着,玛丽的心跳得十分厉害,她不知道该怎么办,万一她要是喊叫的话,这个男子对她动粗该怎么办?他会不会伤害她?

"什么事?"男子开口问她。

玛丽控制住自己的情绪，终于鼓起勇气，对他说："先生，今天是我第一天上班，你知道，我找这份工作有多么不容易，您能不能……"

男子的目光极不自然，他看了玛丽很久。玛丽的表情非常诚恳，过了很久，男子的脸上浮现了一丝微笑，玛丽也舒了一口气，对着他也微笑起来。两人这时就像两个朋友一样。男子对她说："是的，工作不好找。但是我能肯定，你一定会在这里继续干下去，并且还会做得很出色。"

停了一下，男子又说："我可以为你祝福吗？"他把手伸向她，他们相互紧紧握完手，然后男子轻松地走出了商店。

玛丽小姐看着他走出店门之后，转身走向柜台，把手中的第6只耳环放回原处。她真庆幸一切都过去了，并在心里为那个男子祝福。

玛丽是有气度的，她用她的宽容和大度征服了这个男子，最终让男子将东西放回原处，达到了完美的效果。我们可以想象，如果玛丽当时与男子发生争吵，甚至大打出手，可能结果就不会是这么美好了。由此可见，气量是一种强大的人际力量，它抵得上千言万语，是征服人心的最强大的无声语言。

> **· 魅力女人修炼法则**
>
> 1. 人心不是靠武力征服，而是靠爱和宽容征服。
>
> 2. 一个人的涵养，不在心平气和时，而是与人发生冲突时。
>
> 3. 要修炼涵养，提升气量，需要经常看书。书籍是女人提升内在的最佳捷径，也是女人最好的化妆品。

36. 别犯"公主病"，它是社交"毒药"

☆ 要想与任何人相处和谐，要遵循最重要的一条原则：先向别人施与爱。

☆ 苏岑说，但凡那些"男女通吃"和社交女神，都是胸宽度大的乐天派。吃一点小亏，她不放在心上，天长日久，她就会像块磁石一般牢牢地吸住众人的心，众人自然更愿意为她献上真心。

☆ 女人，在情场上，你可以做高高在上的"公主"，但不要指望做社交场上的公主。

郑彤是个长相甜美的女孩子，但人缘却极差。她很苦恼：为何我总和别人合不来，为何别人不能迁就一下我呢，为何她们从来都不会照顾一下我呢？无论是谁，她总是希望别人处处能够哄着她，宠着她。这样的女人犯的是严重的"公主病"，只想着别人对她好，都围着她转，这样极难会拥有好人缘的。

在社交场上，犯"公主病"的女人大多都是自信心过盛，处处想让别人以她为中心，获得"公主"般的待遇。她们骄纵、自恋，但是也很单纯、很天真，很自以为是，其出发点是为了获得周围更多人的关注。然而，在现实中，不是人人都会充当"王子"的角色的，于是，有"公主病"的女人就势必会受众人排斥。

张雪是位典型的"公主病"患者，不管在家里还是在朋友圈里，她总是把自己当"公主"一般地对别人发号施令。

在家里，她是老公的"指挥员"，每天的饭食从不操心，老公会按照她的指示去买菜，然后做得尽量可口；看电视时她从来都拿着遥控器选频道，哪怕是最冗长的韩国肥皂剧，老公也打起精神陪她看。可以

说，她想做什么就做什么，不管是吃穿住行，还是人情往来，老公处处都得迁就于她，经常搞得他疲惫不堪，总是处心积虑地躲着她。

在单位里，张雪也总是不爱顾及同事的感受，随意乱发脾气。更让人不可理喻的是，在项目合作上，她也总是要求同事处处以她为中心，凡是驳斥她观点的同事，都得忍受她无休止的唠叨。所以，很多同事都躲着她，不愿意和她交往。

在朋友圈里，张雪也总爱对别人"发号施令"，总要求朋友做这做那。吃饭时，只要她不能吃辣，就会命令朋友不许点辣；甚至还要求朋友按照她的审美标准去穿衣打扮，这样搞得很多朋友都不愿意与她来往了。

可以说，"公主病"是一种社交"毒药"，任何沾染它的人都会将其周围的人给"毒"倒，最终沦为孤家寡人。这样的女人与魅力毫无瓜葛。

对于女人来说，要与同事或异性能够和谐快乐地相处，一定要遵循一条原则：要懂得爱别人、体谅别人。要知道，人与人之间的情感都是有温度的，你若用冰冷的心去触摸它，它亦是冰冷的；你若用温暖的心去触摸它，它才会更炽热。人世间无论是亲情、友情还是爱情，都是两颗心的互相取暖，而不是用一颗心去焐热另一颗心。如果你总是犯"公主病"，总要求别人来迁就你，来喜欢你，来爱你，那不会有人真心地爱你和欢迎你！

> **· 魅力女人修炼法则**
>
> 1. 爱是相互的，宠也一样。要想得到更多，首先要懂得尊重和付出。
>
> 2. 与人交往，人人都是平等的。所有的人都不是你的"王子"，他们可能也很想靠近你，但你如果总以高姿态的"公主"去对他们发号施令，他们可能就被吓跑了。

98

37. 社交姿态要摆正：甘做学生，不做老师

☆ "学生姿态"的女人更容易成为交际场上的"大红人"，"老师风范"的女人只能年复一年地让人生厌。

☆ 法国哲学家罗西法古说："如果你要得到仇人，就表现得比你的朋友优越吧；如果你想得到朋友，就要让你的朋友表现得比你优越。"

☆ 老子说："良贾深藏若虚，君子盛德，容貌若愚。"意思是说真正精明的商人是不会让他的财富显露出来的，一个有修养的君子，内藏道德，但外表看起来好像是愚蠢迟钝。这句话就是告诫人们，在社交中，不仅要摆正姿态，还要摆正态度，切勿锋芒尽露，要收其锐气，如果过分地将自己的才能让人一览无遗，只会招来他人的忌恨。

女人要赢得良好的人缘，先要摆正你的交际姿态：甘做学生，不做老师。要知道，在社交场合，每个人都有得到别人尊重与认可的心理要求，而"做学生"是满足对方这种心理欲求的一个重要方法。也就是说，在与人交往中，智慧的女人会真诚地做"学生"，诚恳地向对方请教问题，并且认真聆听对方的"教诲"，而不是做一个指手画脚的"老师"，处处伤人自尊，惹人生厌。

俗说话，越是锋利的宝刀，越不可轻易地出鞘，如果自恃削铁如泥而不善加保护，不但锋芒会被磨损，更容易出祸患。在与人相处中，真正有魅力的智慧女人，时刻都会保持谦虚、谨慎的作风，以别人为师，甘做学生，从而赢得良好的人缘。

长相漂亮的刘华毕业后就在一家保险公司当销售员。依照公司的规定，试用期间每个人都必须要至少拉到一位客户，否则，就要被解雇。但是，刘华因为刚离开学校不久，又没有社交关系，在试用期快要结束

时，她还没完成任务，就在她心灰意冷之时却出现了奇迹。

一次，她去拜访一家公司的客户部经理。刚开始对方看到刘华后，脸上就露出了不悦的表情。对此，刘华心里顿时感到惴惴不安，不知道如何开口了。这时她猛然发现经理的桌子上有一个牌子，上面写着"尉迟涛"三个字，刘华猜测这可能是经理的名字。她想："如果以这个名字找话题，应该能打开话题！"

于是，刘华问道："您知不知道李世民发动玄武门之变时，功劳最大的那位名将是谁？"经理愣了一下，说："知道，是尉迟恭。"刘华说："你们是一个姓，当然会知道他叫尉迟恭。我以前可是出尽丑了，老叫他尉（wei）迟恭。"

经理笑了："这也不能怪你，十人中有八个人都会这么读错。"

刘华说："是啊，虽然这个姓有点怪，但是，我听说，历史上姓尉迟的名人有很多啊，您知不知道都有谁？"

这一下子，就打开了话匣子，两人就开始兴致勃勃地聊了起来。最终，尉迟经理就与她签了约，另外，还给她介绍了其他的客户，借此刘华的业绩便一升再升，最近还升了职。

聪明的刘华真诚且谦虚地以学生的姿态向对方请教问题，大大满足了对方"被需要"的心理，最终顺利地与对方结交了朋友。由此可见，甘做学生的谦虚姿态，是你赢得良好人缘的法宝。

社交场合，每个人都希望得到对方的尊重和重视，如果你总是摆出一副老师的架势，对旁人指手画脚，说三道四，无疑是让对方失面子。可以试想：谁会喜欢一个恃才傲物的自负者？为此，女人在与周围的朋友相处或交流时，要放低姿态，去顾及对方的面子，这样才是对朋友的起码尊重。

人际交往中，谦虚的女人恪守的是一种平衡关系，即周围的人在对自己认同的基础上让彼此都能达到一种心理上的平衡，这些女人无论在任何情况下总是会保持一种"学生"姿态，如此才不会让他人感到卑下与失落。非但如此，她们还会在适时的时候让别人显得比自己高贵，让他人产生优越感，使对方得到一种心理上的满足，从而使其消除对自己的戒备，使他人更乐于与自己合作。

> **· 魅力女人修炼法则**
>
> 甘做"学生"的人实际上是大智若愚的，表面上看上去谦虚、低调，事实上却是极其聪明，对工作极为认真的，很容易能得到朋友的信赖。因此，我们在与朋友相处过程中，一定要尽力地保持低姿态，这更有利于自己在第一时间内树立良好形象。

38. 微微一笑百"魅"生

☆ 懂得微笑的女子，运气一般都不会很差。可以说，微笑是女人施展自我魅力和自我美丽的绝佳法宝。

☆ 世界名模辛迪·克劳馥曾说过这样一句话："女人出门时若忘了化妆，最好的补救方法便是亮出你的微笑。"毫无疑问，微笑能够弥补一个女人的所有不完美。一个微笑的女人，她的微笑就是最好的沟通语言。

一位社会学家说，在交际场上，最有魅力的莫过于脸上挂满微笑的人，这样的人是最富有吸引力的。由此可见，要做受欢迎的魅力女人，最为重要的一项技能就是学会微笑。那微微抿嘴一笑的妩媚，会让你生出百种"魅"态来，从而释放出能引爆全场的人际热量。

知名礼仪与公共关系专家金正昆说："在所有的交际语言中，微笑是最有感染力的，微笑是放之四海而皆准的'人际交往高招'。"雨果也曾说："笑就是阳光，它能消除人们脸上的冬色。"不可否认，在交际场上，女人的一个微笑能够极快地缩短你与他人之间的距离，表达出你的

善意、愉悦，给人以春风般的温暖。一个微笑，可以令在座的人成为自己的朋友。一个微笑，也许会燃起一对青年男女的爱慕之情。笑暖人心，可以使疲倦者休息，拘束者轻松，悲哀者节哀。笑是一种情绪的调和剂，也是人际关系的润滑剂。可以说，在交际场上，你要是能够适时地展露出你的笑容，那便能彰显出你的魅力来。

一个女人，若是总以一副冷冰冰的尊容示人，哪怕她拥有闭月羞花的容貌，也是不受人欢迎的。而一个总是向人示以微笑的女人，哪怕她长相再丑陋，也能给人带去爽朗和温暖，能获得他人的倾慕和喜爱。

刘晓在一家出版公司担任办公室主任，她所在的办公室兼具行政管理、后勤管理、人事管理三大职能，其工作的繁忙与细琐程度自不用说。

说起刘晓的前任，无论是从学历、经验还是从工作态度和魄力上来说，都不比她差，甚至有些地方还超过了刘晓许多，但最终工作做了不少，却始终得不到同事和上司的认可。大家都觉得她很是傲慢，最后被迫离职。总结前任失败的教训，刘晓得出一个结论，那就是要有一张笑脸。

刘晓深知出版行业的竞争异常激烈，广告业务员的工作压力极大，他们最希望自己的工作能够得到公司的理解和支持，如果他们在与各种各样的客户周旋之后，能够在公司见到一张亲切、充满鼓励意味的笑脸，心中一定会充满浓浓的温情。面带微笑的人总是在向同事传递这样一条信息：我很欣赏你、信任你，我愿意成为你的朋友，我们一定会合作得十分的愉快。现在，无论工作有多重，多烦琐，多让人心烦，刘晓却从不表现在脸上，而总是保持一副十分和蔼亲切的笑容。她拟定的"绩效考评措施"在公司内部得以顺利地实施，公司的业务量为此也明显提升了许多。而刘晓本人，更是受到了公司全体员工的欢迎。

由此可见，微笑是女人获得好人缘的"通行证"，是赢得他人喜爱的"护身符"，带给人的是如沐春风的感觉。真诚的微笑透出的是善意、温柔、接纳，更是一种自信和力量。所以，如果你不是一个善于言辞的女人，那就学会微笑吧，恰到好处地向他人绽露一个甜美的微笑，能胜过任何动听的语言，让你拥有倾倒众人的魅力。

对于女人来说，即便你没有了年轻的肌肤，没有魅力的容颜，你的乌发领地已经被白发占满，但你只要能适时地绽露你的微笑，依然可以让无数的人为之倾倒，因为微笑着的女人是最吸引人的，是最优雅的，可以说，微笑能让你拥有超越年龄的美丽。

卡耐基说："微笑，它不花费什么，但却创造了许多的成果。它丰富那些接受的人，而不又使给予的人变得贫瘠。它在一刹那间产生，生出各种'魅'态，给人留下永恒的记忆。"还有人说，会笑的女孩子，运气都不会太差。所以，女人在何时何地都要舒展你最具亲和力的表情，将微笑常挂于脸上，它能让你成为赢得他人喜爱的"通行证"，助你成为人际场上的大赢家。

· 魅力女人修炼法则

　　微笑能提升女人的魅力指数，为此，社会上出现了越来越多的"微笑礼仪"培训机构，从奥运礼仪小姐到公司前台职员，都接受着"微笑时牙齿露出 6 颗到 8 颗，脸部表情不能僵硬"的严格训练。当然，我们普通人的日常生活，大可不必如此，只要笑得自然、笑得真诚，就能达到传情达意的目的，便能自然地提升自我魅力。

39. 散发积极的能量，传递你的光和热

☆ 每个人都希望得到正面积极的信息，当你想去说明一个人喜欢你、接纳你、赞同你，那就该学着用积极的方式去感染他。

☆ 一个爱用消极心理暗语的女人，会制造出大量的负面能量，带给人的是压抑感，这样的女人注定不会拥有好人缘。

☆ 成功学大师拿破仑·希尔说过这样一句话："成功的外表总能吸引人们的注意力。而尤其是成功的神情，那是一种能发出光和热的积极的能量，更能吸引人们的赞许性的注意力。"

成功学大师卡耐基说，吸引别人的关键无非一点，那就是积极、积极、再积极！当然，这里积极，一方面是指态度的积极，即对他人要表现出足够的主动性，另一方面主要指情绪方面的积极，就是在他人面前，要散发出积极的能量来，不断将你的光和热辐射给别人，才能让自己有磁石般的魅力，将他人牢牢地吸引住。也就是说，在交际场上，女人要做能把控他人的"遥控器"，就要学会向他人传递正面积极的信息和能量。

心理学家根据调查，专门制定了两套受人欢迎和不受人欢迎的词汇表。

受欢迎的词汇：爱、幸福、幸运、乐观、开朗、安全、信赖、漂亮、魅力、聪明、真实、容易、健康、优雅、知性、美丽、绅士、修养等。

不受欢迎的词汇：痛苦、悲伤、焦虑、困难、成本、辛苦、劳苦、死亡、破坏、担忧、责任、义务、失败、压力、错误、糟糕、很差等。

从上面可以看出，受欢迎的词汇大都是积极的、正面的，而受人排斥的词汇，都是消极的、负面的。也就是说，人们都愿意接收正面的信息或暗示，而排斥消极的负面的信息或心理暗示。为此，在交际场上，要做受人欢迎的魅力女人，就该学着用积极的方式去感染他人。当然，所谓的"积极方式"，可以是一个会心的微笑、一句诚恳的赞美、活泼乐观的沟通等，同时，话语和表情要尽量避免那些能让人产生压迫感的词汇，要知道，谁都不愿意自己被紧张或消极的氛围所笼罩。就好像很少人喜欢连日阴雨的坏天气一样，如果你是一个心里常常刮风下雨，不见阳光的人，自然也不会有人乐于与你靠近。如果你想做个成功的、拥有良好人缘的魅力女人，就先为你的乐观加码！

在人际交往中，一个人给予别人积极能量越多，她的朋友就会越多。一个人若总能站在别人的角度去看问题，想问题，并给别人提供帮助，她的人缘自然就越好。一个人总能用自己的乐观开朗去影响别人，感染别人，她的人际圈就越广。反之，如果一个人总是觉得自己是"最倒霉"的，总将别人当成个人发泄情绪的垃圾桶，总希望"听众"来承担自己的情绪压力，喜欢"榨取"别人的能量，她的朋友就会越来越少。

从现在开始，我们要尽量避免将消极的能量带给他人，要让自己在轻松的聊天状态中，渐渐进入他人的内心，即便是两个公司的业务代表谈判，也不一张口便将合约、责任、出货、成本、交易、价格等词汇挂在嘴边，这极容易造成对方浓重的压迫感，压迫感一来，就容易会挑起人的逆反心理，逆反心一来，这场公关"战役"就变得复杂多了。

• 魅力女人修炼法则

1. 说话办事多给别人一些积极的心理暗示，交际会变得简单许多。

2. 机会偏爱那些满脸阳光、神采奕奕、干劲十足的人。

3. 美国的励志专家威尔·鲍温牧师说："消极的人，能把别人的能量都榨干。"正因为如此，人们肯定会躲开那些爱诉苦且消极的人，去和那些能用乐观向上能量感染别人、鼓舞别人的人交往。

40. 用"制造麻烦"撬开他人的"心理关卡"

☆ 让不喜欢的人喜欢上你，与其对他说："嗨，我能帮你做点什么?"不如尝试着说："嗨，你能帮我做点什么吗?"

☆ 有时候，适当给别人找点儿"麻烦"，并且快乐地接受别人的帮助，正是打开对方心灵的钥匙，也是拉近双方距离的红线。

☆ 想让排斥你的人喜欢上你，靠的不仅仅是单方面的付出，靠的是双方情感的互动。这个时候，要扭转局面，就要学会给对方制造点儿"麻烦"，引导对方为你付出，

这是撬开他"心理关卡"的关键！

"如何才能让不喜欢的人喜欢上我？"这是很多女人的困惑。

生活中，这确实是个比较棘手的问题。对此，很多女人都会这样做：别人不喜欢我，我就使劲地对别人好，用真诚来打动他。这确实是个不错的方法，你的真诚固然能打动人，但却不是最好的办法。

要知道，很多时候一个不喜欢的人，即便你付出再多，也很难赢得对方的心。畅通和谐的人际关系讲究的是两人情感的互动。即两人互相间的付出，才容易赢得和换来最真挚的情感。为此，在交际场上，聪明的女人会故意制造出一些"麻烦"来，引导对方为她付出，这样便可以轻而易举地撬开对方的"心理关卡"，从而赢得对方的喜欢！

办公室里，新的搭挡不喜欢你，你可以瞅准机会可怜巴巴地哀求他说："我的电脑出了点小毛病，你可不可以帮我看看？"

婆婆不喜欢你，你可以甜甜地对她说："昨天，我听老公说，婆婆煮的鲫鱼汤超好喝，我听得都流口水了，我也好想尝尝那种美味啊！"

闺蜜的朋友不喜欢你，你可以说："你这套衣服真漂亮，在哪里买的，改天可不可以带我去啊？"

当他们禁不住你充满了祈求和渴望的眼神，勉为其难地答应下来时，你就该偷笑了，因为你已经成功地撬开了他们的"心理关卡"。

有一次，一个推销员拜访一个成功的推销大师，并向他请教："您为什么会取得如此辉煌的成就呢？"成功人士回答："因为我知道一句神奇的格言。"

推销员忙问："什么格言？您能说给我听吗？"结果，推销大师说了一句让他大吃一惊的话："这句格言就是：请帮我一个忙好吗？"

推销员不解地问："你需要他们帮助你什么呢？"

推销大师回答："每当遇到我的客户时，我都向他们说：'我需要您的帮助，请您给我介绍3个您的朋友的名字，好吗？'很多人都会答应帮忙，因为这对他们来说只是举手之劳。"

很多时候，一句"我需要你的帮助"，可以轻易地撬开他人的"心理关卡"，获得他人的好感。

由此可见，要做一个有良好人缘的魅力女人，极为重要的一点就是学会适当地制造点"麻烦"出来，让对方在帮忙的时候，从心理上彻底接受你。

心理学家指出，仁慈心、同情心是人类情感世界中最基本的组成部分，每个人都有同情弱小、怜恤受难者的仁慈感情，这是人的本能，也是人性中的闪光点。这种同情心，可以照亮世界。

生活中，一些女人会出于高傲的心态，害怕被别人"麻烦"，这其实是拒绝自己的世界被照亮。还有些女人，生怕欠别人的情，所以不肯接受别人的帮助，这自然也不利于她们与别人交流。

很长一段时间，人们一提到人际关系，都主张要多帮助别人，肯为别人帮忙，因为到了"关键时刻"才有脸面向别人求助。其实，快乐地去让别人帮助你，让他人参与到你的世界中来，也是你获得良好人缘的好方法。

> **· 魅力女人修炼法则**
>
> 1. 大方自然地去"麻烦"别人，获得别人的帮助，其实正是增进双方感情的好办法。毕竟，同情心、仁慈心是人类的本性，如果你总不好意思去麻烦别人，或者拒绝别人的帮助，这等于伤害了别人的自尊心。
>
> 2. 有位哲人说过："给予比获得更令人感到幸福。"所以，你要勇敢地把"麻烦"别人的"幸福"给别人，让别人知道，你"需要他们的帮助"，这也是获得良好人缘很重要的事。

41. 真诚地对别人"感兴趣"

☆ 奥地利著名心理学家亚佛·亚德勒写过一本叫作《人生对你的意识》的书。在书中他说："不对别人感兴趣的人，他一生中的困难最多，对别人的伤害也最大。所有人类的失败，都出诸于这种人。"

☆ 交流的成功与否，在于你是否能表达出对别人感兴趣的情绪来。如果你对别人漠不关心，在与人交谈时，也不想知道对方要表达什么，只是一味地谈论自己的事情，交谈往往会失败，双方也难以深入交往下去。一个只关心自己、对别人和外界没有好奇心的人，即使有再好的机会出现，也可能与机会擦身而过。

哈佛人际关系学家曾做过这样的测试：

首先，让参与测试者写下自己所喜欢的人的名字，从最喜欢的人开始依次写在纸上。接下来，让受测者将他认为喜欢自己的人的名字，也依照想象中的喜欢程度，依次写在方才记下名字的左边。通过对 1000 位受测试者的答案分析得出结论：他自己所喜欢的对象和喜欢自己的人，两者的次序基本上是一致的。

这个测试的结果不算完善，其中的偶然性较大。但是它却在某种程度上说明了这样的道理：在你喜欢别人的同时，别人也在喜欢你。如果你想得到别人的喜欢，就要先喜欢上别人。只要你喜欢别人，别人就会喜欢你——这是不容置疑的交际真理。

交际场上的魅力女人，向来都遵循这样的交际原则，在别人还未喜欢上她们之前，她们先会想方设法对别人"感兴趣"，表达出友善，从而达成良性和谐的人际互动。

德鲁·吉尔平·福斯特是哈佛大学历史上的第一位女校长，据说，她之所以能成为一个杰出的大学校长,是因为她在与他人接触时,先会表达出她对别人的无限尊重,无限地对别人感兴趣。

一天,一个名叫叶中的中国留学生要到校长室申请一笔学生贷款,当场就被获准了,叶中万分激动地向福斯特道谢。随后,叶中正要出去时,福斯特却说道:"有时间吗? 请再坐一会儿。"

接着,这位中国籍学生十分惊奇地听到校长说:"你在自己的房间里亲手做饭吃,是吗? 我上大学时也做过。我做过红烧肉,是中国一道鲜美的食物,只是工序有些复杂。"

接下去,她又详细地告诉学生怎样挑肉,怎样用文火焖煮,怎样放料,等等。

"你吃的东西必须有足够的分量。"校长最后说道。

真是一位了不起的哈佛大学校长! 不是吗? 有谁会不喜欢这样的人呢?

"如果那个人喜欢我,我才会喜欢他",这是多数女人所持的交际论调,这样的女人是幼稚和愚蠢的。如果你不喜欢别人甚至会厌恶别人,却妄想让别人去主动喜欢你,这是消极的社交方式,很难获得好人缘。试想:谁会对一个对自己毫不关心的人感兴趣,甚至当作朋友呢?

生活中,还有一种女人,她们在与别人交谈时,完全会忽略对方说话的主题思想,只有在某个词汇引起了她们的兴致时,她们才会突然打断别人的话,然会围绕这个词汇"展开联想"侃侃而谈。这样的女人一般都是些较为自私的人,是毫无智慧可言的,也不会拥有真正的好人缘。

所以,要做交际场上的智慧女人,如果你希望别人喜欢你,那么,就先要在见到别人的时候,发自内心地对别人"感兴趣",表达出你的诚意来。这是获得他人认可和喜欢的极为重要的交际原则。

· 魅力女人修炼法则

　　卡耐基说："一个女人面孔的表情，比她身上所穿的衣服更重要。"他指出，对于女人来说，如果我们只是要在别人面前表现自己，只想使别人对我们感兴趣，而从来不对别人感兴趣的话，我们将永远不会有真实而诚挚的朋友。

Part2 提升韵味：
做灵魂有香气的女子

　　女人的魅力更多地来自于她们内心深处，也就是说，做魅力女人最重要的一点就是要提升韵味，即要有女人味。女人味是一种由内而外散发出的迷人气质，让人一看就能觉得她是带有香气的，而且那种馨香源于内在的灵魂。

　　这样的女人，独其亭亭玉立的形象便可以让这个灰色的城市变得灵性十足。她工作繁忙，却从无愁苦面容，再紧张也是微笑熙然，于不经意间散发出细腻沉郁的香味。她亲切随和，每个人都愿和她亲近，哪怕是最隐秘的情感问题，也会说给她听。与她谈天说地，常给你人生的启迪，让你沉静，教你努力，感受到生活的美好与希望。

女人味是从灵魂里散发出来的

　　真正让人沉醉的女人味是从灵魂里散发出来的，那是一种神秘的、缓缓的、动人心弦、不可捉摸、深入骨髓、令人意乱情迷的气韵。它没有形状，没有定式，是润物细无声的诱惑，是若隐若现的美景，是朝思暮想的探究，是以少胜多的智慧。那一举一动，一言一语，一颦一笑，至善至美，可谓：万绿丛中一点红，动人春色不须多。女人味似寒梅，清丽孤傲，丽质天生；女人味似玫瑰，浓香馥郁，秀色绝伦；女人味似丁香，妩媚不妖娆，清秀不娇艳；女人味似兰草，淡雅脱俗，卓而不群，深藏的内心让人遐思无限。当然，要拥有女人味，要从提升内涵开始：笑容可掬，对爱执着，无论什么场合，都要好好地"烹饪"自己，让自己秀色可餐。

 ## 42. 魅力就是要把美刻进骨子里

　　☆ 能凭自己的内在气质令人倾心的女人，是最有女人味的。所谓女人味指的是一种内涵，一种人格，一种文化修养和品位，一种美好情趣的外在表现。简而言之，女人味就是女人的神韵和风采。

　　☆ 有味道的女人，三分漂亮可增加到七分；没味道的女人，七分漂亮则可以降低到三分。没味道的女人，即便她有如花的脸蛋，傲人的身材，但只要她一开口便足以暴露出她贫瘠的内心和空荡荡的精神。

林清玄说："这个世界一切的表象都不是独立存在的，一定有它深刻的内在意义。那么，改变表象最好的方法，不是仅在表象下功夫，一定要从内在改革……对女人来说，化妆只是最末的一个枝节，它能改变的事极少。深一层的化妆是改变体质，让一个人改变生活方式，睡眠充足比化妆有效得多；再深一层次的化妆是改变气质，多读书、多欣赏艺术、多思考，对生活乐观、对生命有信心、心地善良、关心别人、自爱而有尊严，这样的人就是不化妆也让人乐于亲近。脸上的化妆只是化妆最后的一件小事。简单而言，三流的化妆是脸上的化妆，二流的化妆是精神的化妆，一流的化妆是生命的化妆。"

这段话其实告诉女性：对美的追求一定不要流于浅俗，要把美刻进骨子里，融进生命里，把生活融入浩瀚的历史长河里，让岁月的烟云在内心荡涤出历久不化的浓浓女人味。

外在的美丽只是浮云，而内在的美才是女人永恒的魅力之源。能将美刻进骨子里的女人，处处能散发出迷人的女人味。这样的女人，似一首节奏明快、旋律生动的浪漫诗歌，恰似春光明媚。这样的女人，似一篇情愫悠悠、蕴涵深邃的抒情散文，令人会心耐读。

生活中，我们也经常会碰到这样一种女人，她们不漂亮，但看上去却很舒服。她们淡定、贤淑，举手投足都透出涵养、聪慧和贤达。这便是一种将美刻进骨子里的韵味女人，不仅男人喜欢这样的女人，就连女人也会欣赏这类女人。

由让·雷诺和广末凉子主演的《绿芥警探》中，有一句台词非常打动人心。剧中那位很有风韵的女人对男主人公说："我不漂亮，也不会做饭，但我懂得爱。"这样一句女人味十足的话，哪个男人听了不动容呢？

另外，民国奇女子林徽因在与丈夫梁思成结婚后，梁思成曾问她

说："你为什么选择我？"

她只是淡淡地笑笑，娇嗔地只说了一句话："看样子，我要用一生来回答你的这个问题。"

这一句女人味十足的话里，包含了她多少似水般的柔情，包含了多少"人生不能承受之重"，让人再三咀嚼，感慨于她的智慧，更欣美于梁思成后半生的幸福与快乐！

显然，这样的女人才是真女人，才是最让人心动、怜爱、喜欢的女人，才会真正得到丈夫的宠爱、朋友的喜欢、同事的亲近。

可以说，将美刻进骨子里，充满女人味的女人，她们浑身所散发着的一缕缕女人香，令人陶醉且回味无穷。它是女人身上一种无形的力量，传达出女人灵魂深处的气息，它代表的不仅仅是成熟、温柔、美丽和性感，还是一种风度、优雅、韵味和修养。

美在骨子里的女人，可能第一眼看上去并没有什么特别，但随着时间的推移，你可以渐渐发现她的美，可以在不同的时段感受到她的魅力：从青春期的恬淡到成熟时的凝重、端庄。可以说，她们似醇香的红酒，让人闻香即醉，越品越有味。这样的女人是充满魅力的。这种美能让韶华已逝的女人将自己的美丽延续下去，又能让刚强坚韧的女人永远洋溢着柔情。聪明的女人，都懂得修炼自己的内在美，她们在与时间的抗争中明白，只有女人味才能使自己保持永久的魅力。她们在工作中从不摆出一副冷冰冰的女强人的面孔，而是在柔情似水的外表下，跳动着一颗坚强的心。

拥有内在美的女人，犹如一季春光，犹如一片有韵味的园林，男人走近她，首先会被她那娴静的、生机勃勃的一片浓绿所吸引。于是，男人便很快体会到了女人的温柔、知识、善良、淡雅，吐气如兰的气韵，会觉得与她打交道是件快乐的事。因此，男人会暂时忘却尘世的喧闹、世事的纷争，以及各种各样的烦闷，被这纯净而又浓郁的绿色涤荡得干干净净，此时男人会恍然大悟：这样的女人之所以诱人，不仅仅因为她有漂亮的面孔和迷人的躯体，还在于她能给男人创造一个神秘清幽的境界，一种舒心轻松的气氛，一副宽容可亲的面容和心态，这样的女人只可意会不可言传，带给人的是绝美的享受。

总之，内在美是女人的魅力之源，要做魅力女人，就从现在开始注重提升自己的内在美吧！

· 魅力女人修炼法则

1. 朱自清先生对有内涵美的女人做过这样的描述：女人要有她温柔的空气，如听箫声，如嗅玫瑰，如水似蜜，如烟似雾，笼罩着我们。她的一举步，一伸腰，一掠发，一转眼，都如蜜在流，水在荡……女人的微笑是半开的花朵，里面流溢着诗与画，还有无声的音乐。

2. 身为女人而缺少女人味，无异于在男人心目中被判了死刑。女人味是女人的神韵，就像名贵的菜，本身都没有味道，靠的是调味，女人味如火之有焰，灯之有光。

 **43.** **韵味女人就是要"耐人寻味"**

☆ 做韵味女人并非易事，没有一定的文化底蕴、修养层次、人生阅历，便无法"烹饪"出醉人的味道。

☆ 做女人不一定要漂亮、高雅，但一定要有韵味。韵味是魅力女人身上一种独特味道，它是耐人寻味的。一个女人只要有了它，岁月便再也无法奈何她，相反，经过岁月的沉淀，它会让女人焕发出更为隽永的美丽，就像秋天里弥漫的果香一样，由内而外散发出来。

☆ 女人的韵味，分形韵和神韵两种。形韵指的是女人身材曲线的玲珑、丰盈优美的体态以及适宜的衣着；神韵指的是女人由内而外散发出来的一种气质、一种精神和一

种修养。

　　韵，即韵律；位，品位也，二者汇于一身，即为动与静的完美结合，耐人寻味。因此，韵味女人就像是一首余音袅袅的高雅古曲，让人浮想联翩，如痴如醉，回味无穷。这样的女人，其一颦一笑、一举一动都带给人美妙的惊叹和无限的遐想，带给人一种沁人心脾的馨香，最有耐人寻味的魔力。

　　民国奇女子张爱玲，就是位典型的韵味女子。她出身名门且拥有高贵的气质与不俗的容貌，再加上她的高贵优雅、美丽时尚以及文学上的天赋，让她的身上有了一种与众不同的独特的气韵，耐人寻味，让诸多人为之着迷。

　　1956 年初夏，张爱玲穿蓝花缎质旗袍，首次出现在美国麦克威尔文艺营，住在这里的都是一些已经出名或正在出名的颇具个性的作家。他们个个衣着新潮，但依然被身穿亮丽旗袍的张爱玲震撼得瞠目结舌！她身上散发出一种知性的优雅和才气，一举一动都能令整个文艺营的空气凝固！大家沉浸其中，一片沉静之后，便响起了一片长久的尖叫声！

　　这样的情形，张爱玲在出国前也曾发生过。因为出版自己的小说《传奇》，张爱玲到印刷所校对稿样。骤然，整个印刷所艳光四射。奇异而华丽的旗袍，勾画出张爱玲之曲线美。关键是由内而外透露出的迷人的女人味，让男性工人看了傻眼，女性同胞看了愣神。她用奇异和艳美的气韵，使整个印刷厂的工人都停了工，久久地沉浸在对她的迷恋中，百分之百的"回头率"，让张爱玲靓丽的脸庞乐成一朵盛开的淡红色玫瑰花一般。

　　张爱玲耐人寻味的中国旗袍，再加上她身体里散发出来的知性优雅，那种含蓄又带一丝挑逗的美感，将女人的气韵展现得精致唯美。婉约到极点的样式，沉静而又魅惑的气质，是最具感染力的女人味。

　　何为耐人寻味的"气韵"？它是一种极具个性的气质，一股能够吸引别人的个人魅力和一份可以恰到好处地展现内在和自身优势的智慧。气韵最直接的表达一定是从身体语言开始的，是一种风情，由内而外地迸发，由外而内地传递，由有形而幻化为无形。耐人寻味的气韵是在一瞥之下就能让人唤起潜意识本能冲动或联想的形象。

在情场上，韵味女人懂得用真心和爱意营造出温馨甜蜜的家园，她们温柔开阔的情怀是男人们疲惫时积蓄力量的港湾。她们那细嫩的双肩不仅只供男人停驻，婚姻、家庭、责任的担子，她们都会无怨无悔地挑起。随着时间的流逝，她们也日渐成熟，眉宇间也多了一份优雅与从容，令男人更加留恋。

在品性上，韵味女人不张扬，她们拥有聚水成洋的韧性，她们的迷人风采源于秀外慧中的外表与内涵。经过爱情的洗礼、家庭的熏染，她们形成了自己独有的风格。韵味女人的美感与悠扬在举手投足间自然地流露，她们用双手将岁月的光彩穿成一朵永不枯萎的小花静静地别在胸前，一缕幽香沁人心田。

韵味女人是温柔的，一个温柔感性的女人，无论思考、语调、一举手一投足都更细腻和更具感染力，让人难舍难分，难以忘怀。

韵味女人是善于思考的。很多人虽其貌不扬，但一旦沉浸在无边的"思海"中，脸上自然会多了一分韵味。那些把眼神抛得远远，嘟着嘴或微微侧着脸、托着腮的表情就更惹人多望一眼。

韵味女人也是有涵养的。身为一个女人，如果有宽容大度的胸怀和涵养，不计较小事情，是极为感人的。尤其是对那些冲撞你的人，你若能以微笑回绝，那绝对招人喜爱。

韵味与那些高傲和"唯我"的女人是无缘的，这样的女人尽管穿着入时，容貌靓丽，也不乏女人味，但是那种盲目而主观的高傲，目空一切的态度，只会惹人生厌。她们或妒意横生，或寻人短处，揭人隐私，恣意诽谤，甚至还会不择手段。她们总是以自己为圆心，要他人绕着"自我"画圆，似乎别人都要为她生，为她死，是与非，好与坏完全要

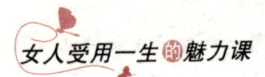
以她的意志为转移。她们刚愎自用、一意孤行，从不尊重他人，这样的女人，再温柔，再富有情趣，再有品位，也毫无韵味而言。所以说，要做韵味女人，除了提升自己的温柔、涵养、品位、情趣和乐观的情绪外，更重要的要学会善良，有容人的雅量。这是极为重要的一点。

· 魅力女人修炼法则

1. 韵味女人给人一种踏实与宁静，她能散发出撩拨人欲望的母爱，深处掩埋着一种真爱难觅的孤寂，一种渴望，但绝对得有一定程度上的自信与刚毅，从容而不做作，端庄且落落大方，没有年龄的限制，但又沉积于岁月的历练，淡雅的装束，额头不加掩饰的浅浅的皱纹更添其风韵。

2. 韵味女人是包容且变化多端的，也许是苇草般柔弱的身体，却包含着如大地之母般博大细腻的情感天地。这一分钟她是你的孩子，下一分钟她是你的母亲，再下一分钟，她就是你的女人。总之，熟女是百变天后，把你炫得晕乎。

44. 善良，最富吸引力的"生命底色"

☆ 女性的美好，关键就在于这个"性"字。"性"即为母性，母性就是慈爱善良。所以，善良是做女人的第一要义，是女人最富吸引力的"生命底色"。

☆ 那些面相随和、温暖婉和的女子，向来都是最值得人们爱和称颂的。即便她五官不精致，身材欠婀娜，但其周身所洋溢的爱与善良的内在气质，却总能给人带来精神上的美感和情感上的抚慰。

要做一个有味道的女人，其相貌、智慧、才学等都是其次，第一重要的，是敢于诚恳地直面自己的内心，学会善良。

毕淑敏笔下如佛般的美好状态，是做味道女人应该追求的人生极致。要成佛，外表一定是向善的，那是基于内心的大善的外露而已。也就是说，女性的美好，关键就在于这个"性"字。"性"即为母性，母性就是慈爱善良。所以，善良是做女人的第一要义，是女人最富吸引力的"生命底色"。

刘杰是一位出色的成功人士，不仅事业有成，而且修养良好。但是，他却娶了位极为普通的女人张娇做妻子。对此，周围的朋友很是不解，依照刘杰的条件，完全可以找个长相、学历、能力等各方面条件优越的女性做伴侣。对此，刘杰有自己的看法。他告诉朋友，张娇虽然普通，但她是我见过的最善良的女人。

刘杰说，一次，我与她一起逛街，她手里捏着吃剩下的苹果核走了很远的路才看到垃圾桶，把苹果核扔了进去，然后轻轻地离开，也就在那一瞬间，我觉得她充满了女人味。如此有爱的女人，不娶回家真是可惜了。

和她结婚后，我总是工作到深夜才回家，身为妻子的她无论多晚总会打来一盆温水，为我脱掉鞋袜，轻揉着我的脚，轻声地说道："亲爱的，让你辛苦了。"那种温柔的关怀，能将我的疲态瞬间融化。

她怀着宝宝时，我陪她一起去商场买衣服，当时，她的一个动作深深地吸引了我：她的动作有些轻缓，一只手不时地抚一下自己的肚子。她的眼睛里流露出来的全是爱，脸上洋溢着一种母性的光芒，虽然她的身材已经严重走形，可是我却觉得她真的很美，美得像一尊女神。

由此可见，善良能让一个普通的女人在瞬间魅力大增，它是最富吸引力的人生底色。善良的女人，即便其五官不精致，身材欠婀娜，但她洋溢着的善良与爱心的精神气质，却给人一种精神上的美感和情感上的抚慰。因为人都是有思想的，需要的是鲜活生动的，感情上的相互交融与关爱。

生活中，人们对于女性，期待更多的是一种蕴含母爱的慈爱，它像一只纤纤玉手，知冷知热，知轻知重，只这么一抚摸，灵魂的伤口便能愈合，昏睡着的青春就能醒来，痛苦的呻吟就变成甜蜜幸福的鼾声了。可以说，善良能让女人散发出一种崇高的美，这种美能够弥补先天的缺憾，使年轻的女性更美丽，使年老的女性更伟大。

善良也是一种温暖的光辉，是一种绵延在女人一生曲折回环之间的天性，它能使女人柔和、美好地看待事物。其目光所及之处，就像一台过滤机，在种种复杂的人性中，抽取美好、婉转的，原谅生硬、过错的。它能使女人对爱情、对人间，都怀有一种大悲悯，亦正是这种悲悯，让女人获得了迷人的气韵。

有人说，善良的女人如山中成熟的葡萄，是男人眼中最美味的水果。男人看到这样的葡萄，会舍不得吃，会慢慢地欣赏，看她的晶莹剔透，想她的甜美、甘醇，因为男人知道，一旦吃掉，不知何时还会有这样的葡萄。可以说，善良能让女人永远都散发出迷人的魅力，这样的女性值得男人用一生去追慕、呵护。正如一位哲学家所说，一个再妖艳的女子都不会在我的心湖里激起涟漪，但是，如果一个女子是那么的柔情率真善良灵慧，也不缺乏细腻的心绪，即使外貌不扬，我又怎么能够舍得不去追慕？

· 魅力女人修炼法则

1. 对女人来说，善良不是看到路边的乞丐给他两块钱，也不是一次又一次地忍受男人的背叛而总是原谅他。善良不是付出，不是软弱，更不是退让，而是当你可以伤害别人的时候、而不伤害别人的一种品质

2. 善良的女人，从不会让男人担心害怕，对此，男人会对她念念不忘，在这样的女人面前，男人才不会心存戒心，能感受到久远的安全和舒心。

45. 女人轻轻一温柔，万千宠爱聚一身

☆ 温柔是一块磁石，只要进入它的磁场区，你就会不知不觉被它所吸引，想躲也躲不开。

一个有女人味的女人，首先必定是温柔的。《诗经》有语：有美一人，清扬婉兮。真正的有韵味的女人，是如何也缺不了温柔的品性的。

对于男人来说，女人最勾魂的地方之一绝对是温柔。正所谓女人轻轻一温柔，万千宠爱便能重聚于一身，那种如烟似水般的温和柔顺，任何男人都无法抗拒。与温柔的女人在一起，其柔声细语的呢喃、轻轻的抚摸、温顺柔和的气韵，便会缓缓地轻轻蔓延开来，飘到你的身边，扩展、弥散，然后将你围拢、包裹、熏醉，带给你的是一种宽松，一种归属，一种美。可以说，温柔绝对是女人征服男性巨大的力量，哪怕金刚也难以抗拒它的诱惑。

可以说，一个拥有温柔的女人纵使容貌不佳，也能用富有磁性的亲和力，散发出强大的人际"磁场"，让众人瞬间为之倾倒、仰慕。它可以令男人振奋，也可以使男人颓废；它可以造就英雄，也可以使英雄毁灭。

在情场上，男人所期望的都是富有母爱温柔的女性，如果一位太过严肃，则更多地给人以冷漠、严厉的感觉，甚至会得到"不像个女人"的评价。观察你身边的女人，你会发现，那些讨人喜欢、人缘好的往往不是那些"冷面美人""病态西施"，而是那些面相随和与温柔的女性。所以，作为女人，你可以潇洒、聪慧、干练、足智多谋、文韬武略，但至少有一点不能少，那就是温柔。

当然，温柔不是娇滴滴、嗲声嗲气，也不是故作姿态。温柔是一种

真性情，温柔里面包含着最为深刻的东西，不是生硬地表演出来的，而是生命本体的一种自然地散发。只有生长于生命内部的这种本性，才经得住考验，历久不衰，一直相伴到生命的终结。

同时，温柔也不只体现在长发飘逸、轻言细语、明眸善睐上，对于现代都市中的男人来说，温柔往往体现为沉默。每次见面都叽叽喳喳喋喋不休的女人，只会使男人头疼欲裂，而不会觉得其温柔或者可爱。男人现在的工作压力都非常大，所以有时需要一个宽松的、安静的休闲时光。能够掌握男人这种心理的女人，才是最温柔的。无论是和男人共进烛光晚餐、一起做休闲运动、同去养生，抑或只是圈在家中，只要看到男人脸上带有倦意，就要懂得适度沉默。

著名学者朱自清在《女人》一文中对极富艺术情怀的女性做了绝妙的描绘："我以为艺术的女人第一是她的温醉的空气，使人听着萧管的悠扬，如嗅着玫瑰的芬芳，如躺在天鹅绒的厚毯上。她是如水的蜜，如烟的轻，笼罩着我们。我们怎能不喜欢赞叹呢?"由此可见，温柔是一个魅力女性最傲人的特点，也是女性最为宝贵的财富。身为现代女人，如果你希望自己更趋完美、更具魅力，就应该保持或者主动去挖掘自身作为女性特有的温柔性情。

· 魅力女人修炼法则

1. 温柔是一种境界，它能折射出一个人的兴趣情调、品质修养。女性的温柔是民族遗风、文化修养、性格培养三者共同凝练所致。

2. "温柔"两字，从来就与关心、同情、体贴、宽容、细语柔声联系着，它是一种无形的力量，不仅能征服男性，还能把生活中的一切愤怒、误解、痛苦、焦虑等融化掉。

46. 富有热忱，不做"枯萎的花朵"

☆ 对女人来说，热忱是长生不老的灵丹妙药，它可以使人生永远充满张力和活力，正如作家兼诗人欧尔曼所写的那样："岁月使皮肤添加皱纹，失去热忱却令心灵发皱。"

☆ 一个能力平平却抱持着热忱的人，往往能超越一个能力强却毫无热忱的人。一个拥有热忱性格的人，无论其多大的年纪，都仍旧充满青春活力，就是因为他始终能保持一颗赤子之心。

人们说，女人如花，一朵真正耐人寻味的魅力之花，永远是鲜活且富有生命力的。这样的女人，活得丰富、鲜活、有灵性，是富有热忱的。相反，一个活得枯燥、单调的女人，其生命犹如"枯萎的花朵"，缺乏灵性，是毫无魅力可言的。

毕淑敏说，做女人一定要富有热忱，这是获得个人魅力的重要法宝。如今，故作淑女假装文静与害羞已经无法令人产生好感，而开朗大方富有热情已经成为新世纪的交际箴言。热忱的女人最懂得生活情趣，其感情丰富细腻。她们通常体贴入微，纯真大胆，喜欢迎接挑战，将人生演绎得多姿多彩。所以，要做有韵味的魅力女人，就一定要给自己的生命注入热忱，别做"枯萎的花朵"。

刘涵在毕业临近之际参加了一个图书展销会。一向对图书怀有热情的她，一直梦想着毕业后能在图书行业工作。可是因为缺乏经验，几次面试都没有成功。在这次展销会上，她只是出于一种爱好，怀着极大的兴趣倾听那些富有经验的书籍制作者介绍封面的设计和选题的创意。

一位五十多岁的出版人正在与前来订书的批发商侃侃而谈，她的脸上立即洋溢着激动和热情的光彩，讲述起那些书的制作过程，就像一位

慈祥的母亲谈论自己的孩子一般。刘涵在心中惊叹道："我从来没有见过如此热情的人，而且是一个五十多岁的老人！"

她无法挤到那些批发商的前面，只好在一旁专注地踮着脚倾听。书商们陆陆续续地走了，"你好，请问你是？"突然，老人对刘涵说道，"我注意到了，你一直都在旁边听！"

"是的，我从来没有见过像你这么热情的人！你讲得太精彩了！"刘涵欣喜地说。

"看得出来你也很热情，而且你身上有一股闯劲！"当老人了解了刘涵的基本情况后，她热情地说，"我需要的就是你这样的人，到我的公司来做事吧！"

"可是我没有工作经验！""有热情一切都会有！"刘涵就这样在无意中找到了一份满意的工作。因为她对这份工作充满了热情，所以做得很好，很快得到公司的认可。

由此可见，热忱是一种发自内心的力量，它能扩充到整个身体，也能控制人的思维与情感，唤起人内心神奇的力量，让人散发出一种炽热和神圣的光辉，那就是吸引人和感染人的魅力。也就是说，热忱能让女人时刻都充满积极向上的气息，让她无论在什么样的境遇下，都能以一颗赤子之心，焕发出生命的光芒和青春的活力，给人鲜活的气息。另外，富有热忱的女人也能让其所经历的所有不幸、病痛和苦累，都酿化成生命中富有韵味的芬芳。为此，热忱是一个女人拥有无穷魅力的源泉！

富有热忱的女人，是热情奔放的，她们对男人和生活都时时充满着热望与执着，她们从来不会作秀，她们敢于对任何一个自己喜欢的男人说："我爱你。"她们用自己的热烈和真诚，去烘烤每一个她们认为值得她们去爱的人，哪怕你是铁石心肠的人，也禁不住她们内在真诚情感的感染。

充满热忱的生命可以使生活长盛不衰。刘晓庆说让她年轻的"灵丹"是恋情，这是有道理的。热忱是一种年轻的体征——越年轻的人越有热忱。反过来，是热忱让人年轻，保持热忱也就保持了年轻。人的青春如人的感官一般，也是用进废退，你经常迸发激情，就能保持和升华激情。

弗烈得利克·威廉森说："我活得愈久，便愈确定热忱是所有特性或质性中最重要的。"不可否认，女人如花，但也需要热忱的浇灌，如此才能激发花朵的活力，使其永远都能鲜活娇艳，不枯萎。热忱是赢得他人喜欢，融化人与人之间障碍，拉近心灵之间距离的基础。热忱是一种神奇的魅力，它弥散在人们的周围，感染和鼓舞他人，让其对生活充满信念和活力。

同时，热忱，也能增加女人内心的幸福感和成就感。它能将工作和生活中一切糟糕的境遇都转化为一种强大的信念和推动力，使人不断超越，在享受和快乐中取得惊人的成就。

女人要做永不"枯萎的花朵"，追求人生的美好，就请重新燃起你内心的热忱吧！

· 魅力女人修炼法则

1. 通常，一个成功者和一个失败者的技艺、能力和才智差异并不很大。假使有两个人，以同等的能力、才智、体力与其他的重要质性开始，会出人头地的是那个满腔热忱的人。

2. 热忱亦是一股伟大的力量，它可以补充你的精力，不断地为你充电，并形成一种坚强的个性，激发你的潜能，让你充分发挥自身的优势和潜力去应对你的事业，让你取得不凡的成就。

47. 女人受宠一生，源于有情趣

☆ 漂亮是女人的外壳，而情趣却是女人的灵魂。高雅的情趣更能体现出女人的漂亮与妩媚，使女人变得风情万种、千娇百媚。

☆ 女人受宠一生，源于富有情趣。情趣能够体现出女人勇于接受新事物、追求美好新生活，表现在她乐观的生活态度、健康的心理状况中，表现在她顾盼生辉的明眸中、优雅不俗的谈吐中、巧笑嫣然的神态中、待人接物的胸怀中。

生活中，经常听到有女人抱怨："生活太乏味了，应多点浪漫或激情。"浪漫是什么？浪漫既是一种情趣，也是一种对生活持续的积极的态度。不同的女人，有不同的爱好和不同的情趣，有的女人喜闻书香，有的则以作画为乐，有的则尽享音乐之美……坚持创造富有意义的生活情趣，便能够摆脱乏味的生活，丰富自己的经历，提升自我品位，同时还能给身边的男人不断制造出惊喜来，让他对你钟情并宠爱你一生。

情趣是一种美，是一种对生活的热爱，它在激情中萌发，在追求中生成。富有情趣的女人，能将生活的每一天都装扮得美好、鲜活，能让男人喜欢，让男人靠近。试问：哪个男人会拒绝能给他时时带来激情和美好的女人呢？可以说，一个女人能让男人宠爱一生，多半是富有情趣，懂生活，晓艺术。

民国才女林徽因便是一个富有情趣的女子，无论在什么时候都能将生活装扮得鲜活，丈夫梁思成之所以一生都能对她不离不弃，宠爱有加，这是一个极为重要的原因。

在香山养病时，林徽因每晚都会写诗。当时的她一定会点上一炷清香，摆一瓶插花，穿一袭白色的绸睡袍，面对庭院中的一池荷叶，在清风徐徐中吟哦佳作。她对自己的这种打扮极为得意，说道："我要是个男的，看一眼就会晕倒。"梁思成却逗她道："我看了就没晕倒"。她把自己的美丽演绎得精美绝伦，哪个男人也抵挡不了这样的诗意的诱惑。

在昆明贫病交加的日子里，林徽因总是不忘用心经营时光，将生活过得有声有色。她每天总会将简陋的房间收拾干净，经常会到野地里采些野花回来插在玻璃瓶中，放在家里的阳台上，将家装扮得温馨浪漫。

而且只要有时间，林徽因还会主动与当地的老百姓交谈，相处得极为融洽。她身上似乎有一种天生的感召力，令人愿意与她相处，并愿意与她分享他们的故事和生活中的快乐，甚至还不时地将拥有的一些稀缺物品赠予她。如此一来，她平淡得几乎令人窒息的生活增添了无限的生机，洗刷了生活中的一切不如意，为其人生增添了亮丽的色彩。

一个有情趣的女人，往往是一个乐观的女人，她懂得从平淡的生活撷取灵感，创造快乐，这样的女人，让男人很难不留恋。

有情趣的女人可以用其特有的情感去解读和感知男人的心，她不会干涉属于你的自由空间，她会用她的心系着你的心。无论是她柔情似水，还是冷漠刚毅，无论是热情似火，还是平淡如水，她都充满自信地在自己的精神家园中构筑属于自己的快乐和幸福。

有情趣的女人有时候也会发点小脾气，太乖巧顺从的女人会让男人乏味。但是，这样的女人不会计较发生过的事情，也不会把发生的一些不愉快拿出来数落。富有情趣的女人，是情趣生活的创新者，而绝对不是陈年老账的收藏者。有情趣的女人，身上永远飘荡着让人心神荡漾、百闻不厌的馨香，这种香就是女人香！这是情趣女人特有的一种香，是女人专心酿制的一种香，而这正是情趣女人真正的魅力所在。所以说，要拥有让男人宠爱一生的魅力，就从提升自我情趣开始吧！

> **· 魅力女人修炼法则**
>
> 1. 有情趣的女人，懂得知情识趣，需要一些内涵、一些幽默、一点小资，最重要的是需要一种发自内心的快乐。
>
> 2. 情趣就是要求女人会讲一些笑话，能带动气氛，大家都期望你能唱歌的时候能将歌唱得很好，玩的时候玩得很开心，男人不快乐的时候，能够为他带来快乐。
>
> 3. 对女人来说，情趣，可以很高尚，也可以很平凡，但绝对不可以没有。

 ## 48. 乐观是女人永葆魅力的"黄金软甲"

☆ 著名央视主持人倪萍说："我觉得女人最重要的是要有一个良好的心态，因为女人在这个社会上可比的东西太多了，没有好的心态的话，你可能永远找不到北，也永远找不到自己的位置。"

☆ 如果说女人是漂亮的鲜花，而乐观则是水，能让女人更加鲜艳、滋润、舒展，使女人变得多姿多彩富于生机，拥有阳光般的心态、积极的生活态度和健康的心理。

一位作家说，乐观是女人永葆魅力的"黄金软甲"，是女人纤纤素手中的利斧，可斩征途上的荆棘，可斩身边的烦恼。其实，对于一个女人来说，没有什么比保持乐观的心态更重要的事情了。

一个乐观的女人，无论在何时，她的生活中都跳动着快乐的音符，给人以感染和向上的激越。她大度、通情达理、善解人意，会以其特有的宽厚、细腻、善意去宽容别人、接纳别人、感觉别人。同时，她又是自信的、坚韧的，不会轻易被挫折伤痛所击倒，不会沉迷在戚切的自艾自怜里，更不会桎梏于凄美的文字和伤感的情绪里，不会反复玩味吮舐自己的伤口。她们的乐观情绪总会感染他人，给人带去快乐和温馨。可以说，乐观是女人最贴身的"黄金软甲"，是女人永葆魅力的"护身符"。

同时，乐观也是女人最好的美容配方，拥有积极乐观心态，是女人一生中最宝贵的一笔财富。积极的心态能使一个女人更显得年轻漂亮，更加美丽动人。越来越多的女人劳累于工作，烦心于家庭琐事，让自己成为了生活中的怨妇。人们常说："有什么样的心态，就有什么样的人生。"一个人如果觉得自己不幸，那么她就真的不幸了。

说到这里不禁地想到了中国的女明星范冰冰，也许很多人对她是褒贬不一，但是我们却不能否认范冰冰为自己成为国际影星而做的努力，当她面对诋毁和谩骂的时候，她的一句话让很多人不得不重新审视眼前的这个"花瓶"。她说："我能承受多大的诋毁，我就能承受多大的赞美。"的确，范冰冰乐观的心态就注定了她在娱乐圈里面生活得如日中天，顺风顺水。

漂亮的女人会因为举止的典雅更显气质，平凡的女人也会因为自身的乐观而更显魅力。好声音选手张玉霞，起初因其貌不扬的外貌没有多少人看好她，但是当她自信地唱完邓丽君的《独上西楼》，她说了这样一句话："我发现当我唱歌的时候，我是一个发光体。"的确是这样，很多人对她的声音久久难忘。

拥有一个好的心态的女人一般都是对生活充满信心的女人，我们看到张海迪靠着自己坚强的意志学会了那么多种语言，怎么能说她是没有魅力的呢？哈佛大学的心理学专家研究发现，当一个人心情好的时候，通常面部的肌肉分布是最均匀的。也就是说，一个好心态的女人才是最美最有魅力的女人。一个沉溺于苦闷之中的女人就容易气质低落，抑郁同样也会影响到其他人。

在美国有这样一个小女孩，她每天都从家里走路去上学。一天早上天气不太好，云层渐渐变厚，到了下午时风吹得更急，不久开始有闪

电、打雷，好像即将要下大雨。小女孩的妈妈很担心，于是赶紧开着她的车，沿着上学的路线去接小女孩，她担心小女孩会被打雷吓着，甚至被雷打到。开车的途中她发现很多孩子都被天空中的响雷吓哭了，雷打得愈来愈响，闪电像一把利剑刺破了天空，马上就会有暴雨降临。小女孩的妈妈终于在焦急之中看到自己的小女儿一个人走在街上，她不仅没有被打雷吓到，在每次闪电时，她都停下脚步抬头往天上看，并露出微笑。看了许久，妈妈终于忍不住叫住女儿，问她说："你在做什么啊？"女儿说："妈妈，你看上帝在帮我照相，所以我要笑啊！

　　其实，在生活中很多时候都需要我们拥有一个好的心态，一个乐观的心态对于我们实现人生的理想有很大的帮助。如果你用乐观的心态去看待生活中的事情，你会发现生活中其实有很多值得高兴的事情，你的心情也会变得很好，就像文中的小女孩一样。倘若把一切事情都看作磨难，那么，你也将失去自己生活的美好，女人保护自己的气质就是不要做一个"郁女"。一个人的心态很重要，保持积极乐观的心态，你才能够生活得更好，获得更多的成功。

· 魅力女人修炼法则

　　乐观的女人懂得：世界上没有过不去的事情，只有过不去的心情。确实是这样，很多事情之所以过不去是因为我们心里放不下，比如被欺骗了报复放不下，被讽刺了怨恨放不下，被批评了面子放不下。大部分人都只在乎事情本身并沉迷于事情带来的不愉快的心情，其实只要把心情变一下，世界就完全不同了。

49. 品位，是时间打不败的美丽

☆ 一位作家说："女人是一种指标，如果女人都散发出品位，社会自然成为泱泱大国。"

☆ 女人的品位，是时间打不败的美丽。时间的磨砺、岁月的雕琢，会让品位女人沉淀出一种暗香，安静优雅，温柔妩媚，不张狂，不矫揉造作，拥有一种耐人寻味的吸引力。

☆ 有品位的女人给人以一种美的感受，一言一行都十分优雅得体，时间为之增色，岁月为之添香，人生为之恒久弥漫芬芳。而这一切都不是天生的，这需要自己后天的培养和修炼。

做女人，想要拥有时间也打不败的美丽，那就要懂得提升自我品位，这是修炼女人韵味的一个极为重要的方面。也许，很多女人会困惑，什么是品位呢？

其实，关于品位，不同的女人有不同的理解，处乱不惊的宁静心态，笑对人生的淡泊情怀，举手投足间溢出的自然、从容、优雅的韵味，都能够显示出女人的品位来。也就是说，品位是一种生活态度，也是一种无形的智慧。如果说性感让女人充满了外在的诱惑力，独立自信则彰显出女人内在的气质，那么品位格调则是女人价值的终极展现。

与漂亮女人不同，品位女人是经得起时间的打磨的，是时间永远也打不败的美丽。一个女人拥有美丽的外表，并不代表她有品位，品位的内涵是可以覆盖外表的，甚至能突破年龄的界限。有些女人虽已经发如霜雪，但看上去仍旧有品位。有些女人虽然年轻漂亮，却很难显现出女人的品位。同样的漂亮，有品位的女人美得透彻，美得极致，美得深入骨髓；而没品位的女人，则像一个美人雕像，空具美的形态，却无美的韵味，即便是貌若天仙，珠光宝气，浑身名牌打造，也会让人觉得庸俗、肤浅。

才女三毛可谓是品位女人的代表，她骨子里有着一种不羁的个性，她总是穿着大朵碎花的长裙站在沙漠的风沙里，黑发飞扬，这是她的衣着影像。吉卜赛式的衣裙，黑发分成两条垂落的麻花辫，她的衣着装饰，也带着一份流浪的风尘，在极为简单的外表下，是灵魂深处的激情和华丽。

同时，她对生命和人生有着淡定坦然的态度。她说："如果选择了自己结束这条路，你们也要想得明白，因为在我，那将是一个幸福的归宿。"她将生命看作一种来去自如的选择，并以流浪的方式抒写了独属于自己的品位人生。

由此可见，女人的品位源于内心深处，是女人内涵、神韵、气质与魅力的综合体现。就像三毛一般，有品位的女人，其心灵会如水晶般洁净，炫耀靓丽。但是那不经意间的清新淡雅，却萦绕在阔大的空间，像一块不需要雕琢的玉一般，无论放在哪里，都能熠熠生辉。

女人的品位是没有定式，没有形状的，它们从女人的骨子里淡淡地溢出，然后慢慢地释放，是一种能倾倒众人的气韵。有品位的女人是拥有良好品行与过人智慧的，她们能用心去感悟人生，善于学习，能够时时适应社会。品位使女人变得优秀，温文尔雅，善解人意，心态平和，底蕴深厚，情感丰富，视野开阔，境界升华，能够很好地适应社会并能和谐地融入社会。

品位女人是一本书，男人是她的忠实读者，无论何时，总会令人流连忘返，舍不得丢开。同时她也能散发出一种力量，让你安下心来和她共度好时光。要做魅力女人，从现在开始慢慢地提升你的品位吧！它能让女人拥有时间也打不败的美丽。

· 魅力女人修炼法则

1. 做有品位的女人，就要能够匠心独具地表达自己的风格，做自己。

2. 有品位的女人，永远会微风拂面，优雅得体，知书达理，并且说话风趣幽默，从不张扬。衣着可能不时尚，但永远修饰得体；与人相处通达和谐，让人对她的态度永远是一种可感可想但不可触的。

3. 品位女人，该是独立自主，优雅而坚韧的；她们精明豁达，干练而风情。她们时而淑女，时而可爱，像一群城市中的精灵一般。她们可能不漂亮，但却有十足的女人味。她们可能是职业女性，干练果断，却不咄咄逼人，她们充满母性，但却不婆婆妈妈，"精致地活着，优雅地变老"是她们的口号。

50. 做一朵永不凋零的"解语花"

☆ 善解人意的女人是男人最渴望接近和得到的，她们能点燃和唤起男人的内在激情，她们是家庭的港湾，是男人心灵休憩的圣地。

☆ 善解人意的女人知道在男人的精神世界里有哪些禁区，如何保护男人的尊严不受伤害，因为她们知道，男人发火 90% 以上不是因为眼前的表面原因，导火线一定潜存于男人情感世界的另一处。

要做魅力场上的韵味女人，就要学会善解人意。

在男人眼里，哪种女人最富有吸引力？多数人都认为，男人喜欢温柔、漂亮、贤惠的女人，不可否认，这些都是女人博得男人喜爱的重要筹码，但是，生活中，男人最钟意的还是善解人意的女人。在情场上，善解人意的女人是一朵花，而且还是一朵永不凋零的"解语花"，她们

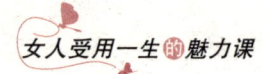

总能体味男人内在的苦衷与烦恼，并能给予他们最贴心的呵护、劝解和鼓励，给男人精神上的支持，让男人心生感激。可以说，她们是家庭的港湾，是男人心灵休憩的圣地。所以，要想打动并且留住男人，最为智慧的办法就是学着去善解人意，它是女人开不败的魅力之花。

社会赋予了男人以坚强、勇敢等性格特征，但是男人也会有脆弱失意的时候。在脆弱时，他们总是希望能有一个女人能给他以精神上的支持；失意时，他们也希望能有一个女人来关心照顾自己。这个时候，如果女人能够充分发挥自己善解人意的特质，为男人消除内心的烦恼，那么便能够使其很快地从中振作起来。

然而，在现实生活中，很少有女人能充当"解语花"的角色，当男人们将自己的困扰或烦恼说给她们听时，她们根本不懂得去听，更别说劝解和安慰了。如此一来，丈夫便会感到压抑万分，从而对妻子失望，与妻子的沟通会变得越来越少，最终变得冷漠，让家变成一潭死水，死气沉沉，缺少了本该属于家庭的欢声笑语。

张林很爱妻子，在工作中遇到快乐与不快乐的事，他总想对自己的妻子倾诉一番，二人一起享受快乐，承担不快乐，可是妻子的反应总是让张林感到失望。

一次，张林的一份设计方案得到了公司的认可，拿到了数目不小的一笔奖金。回到家中，张林便迫不及待地对妻子说："亲爱的，我今天真是太高兴了……"令张林失望的是，妻子只是冷冷地"哦"了一声，随后漫不经心地说："赶快洗手准备吃饭了。我得告诉你，咱家的洗衣机坏了，我在家倒腾了一天都没有修好，你吃完饭赶快先给售后服务部打个电话吧！"

还有一次，张林被一个设计图搞得焦头烂额，本来回家想对妻子说说，看她是否能给自己提供一个好的建议。但张林回家和妻子诉说时，妻子只是用心地看她最爱看的偶像剧，根本没心思听他讲。

后来，张林越来越觉得回家是一件痛苦的事，家里死气沉沉，缺乏生气，最终向妻子提出了离婚。

在婚恋中，男人最渴望的就是女人能如"解语花"般地理解自己。正所谓"成功男人的背后，总有一个好女人"，而这里所谓的"好女人"便是一个善解人意的女人。一个不懂得善解人意的女人，就像张林的妻子一样，最终会让男人远离。所以，对于女人来说，你可以不漂亮，可以不温柔，但绝对不能不懂得善解人意。

有人说，善解人意的女人不仅仅是坐船的，也不只是划船的，而是帮别人一起撑船的。她们不仅能体谅男人的苦衷和烦恼，而且还能给周围的朋友最贴心和细心的帮助。她们总会细心地去体察朋友的一言一行，能体悟到朋友精神世界的禁区和思想上的伤疤，为人处世会时时小心，并懂得处处去维护朋友，不去碰触这些禁区和伤疤。可以说，她们也是朋友最渴望的心灵港湾和休憩圣地。

善解人意的女人，无论在何时何地总是亲切可人，给周围的人带去心灵上的轻松和快乐，让她们拥有良好的人际关系。在生活中，她们能体味朋友的苦楚，并会竭尽所能帮助朋友，在精神上鼓励朋友，在物质上支持朋友，并将自己最好的一面展现给朋友。同样，她们不计成本的真心付出也能换来朋友的真心和真情。

所以，从现在开始，我们尽量去做一个善解人意的女人吧，给我们身边的男人以如沐春风的感觉，也给朋友以可靠、信赖的感觉，让我们在任何时候都不感到寂寞和孤单，让我们觉得心灵是富足的，生活是充满希望和温馨的。

· 魅力女人修炼法则

千万不要误认为善解人意是一味地迎合和纵容对方，真正的善解人意是指在遇到事情时，总能够尽量用自己的心去体会对方的心，用自己的感觉去体会对方的感觉。做到了这一点，你便是男人眼中最可爱的"解语花"。

51. 亲和力是最浓郁的女人味

☆ 在与他人沟通中，亲和力是人与人之间的黏合剂。如果我们将要说的话比作佳肴，那么盛佳肴的餐具便是亲和力。可以想象，如果这器具总是脏兮兮的令人生厌，那么谁还会在乎其中的佳肴味道如何呢？

拥有良好修养的女人，是经常面带悦色的，拥有强大的亲和力的。与温柔、善良、贤惠、性感、品位等品性相比，女人的亲和力是最浓郁的女人味。亲和力是女人赢得他人喜爱的一种最有力的武器，它胜过女人的一切美貌！具有亲和力的女人，脸上总是挂着不逝的微笑，开口闭口间都能吐出"友善"来，能让人在瞬间产生愉悦，将人与人之间的隔膜消于无形，拉近心与心之间的距离，是女人征服他人最有效的方法。可以说，富有亲和力的女人最有女人味。

丽莎是一家广告公司策划部的经理，近来，她感到工作压力很大。因为公司刚刚将一家汽车的年度广告交给她全权处理。为了能在预期内完成任务，她要求策划部所有员工都必须打起精神，全力以赴。

当大家都在为工作紧张奋战、加班加点的时候，员工刘艳却依然懒懒散散，每天不仅找机会开溜，还经常迟到。丽莎发现后微笑着说道："老天爷，你知道现在是什么时候吗？大家都焦头烂额了，你也能卖点儿力吗？"她的口气十分轻松，脸上洋溢着微笑。刘艳的脸微微地红了，不敢吱声，心想这下该挨批了，但是，丽莎并没有发火，她什么也没说就走开了。

第二天，丽莎主动找到刘艳，问她："家里是不是出现了什么事情，有什么需要帮忙的，尽管开口！"刘艳听后很是感动，并说明这段时间孩子的爸爸出差，孩子没有人接送，所以，经常会早退、迟到。丽莎给予了积极的安慰，刘艳深感愧疚，总是将工作拿到家中做，为策划出了很多好点子，使工作进展极为顺利。

丽莎女士亲和的态度、友善的口语表达，使她自然与员工打成一片，达到了很好的管理效果。亲和力就是放低姿态，平等地与人沟通交流，这是一种心与心的平等和互惠。所以，无论你身处于什么职位，手下有多少人，都不能失去亲和力，如果失去，就会失去他人的支持和尊重。

有人说亲和力是女人与生俱来的一种优势，然而很多女人因为自己身份或地位改变了，而将亲和力丢掉了，说话总是颐指气使，甚至指手画脚，慢慢地就与他人疏远了，让人敬而远之。那么，在生活中，女人该如何提升自己的亲和力呢？

其实，最重要的一点就是保持善良。有人说："相由心生，改变内在，才能改变面容。一颗阴暗的心托不起一张灿烂的脸。有爱心必有和气；有和气必有愉色；有愉色必有婉容。"亲和力，最重要的就是面相要和善，而心存善良，面相一定会和善。

其次，女人要保持谦和的姿态。谦和的姿态表达的是对他人的一种尊重，平易近人的风范，可以迅速拉近与他人之间的距离，提升交际的融洽度。

同时，要展露笑容。亲切的笑容是一张有情无言的名片，是无须任何成本的感情投资，是施展亲和力的"开场白"，是开启成功交际的金钥匙。亲切的笑容能够使人赏心悦目、开朗心情、惬意舒心。无论亲密或生疏，只需要你的粲然一笑，世界都会向你敞开温暖的怀抱。

灿烂的笑容是会传染的正能量，即便是你遇到了冷漠或者心情不愉快者，在你亲切笑容的感染下，他的坏心情也会逐渐地好起来。心情好了，话就投缘了，话投缘了，事情就好办了。所以，我们在与他人交往过程中，首先要学会给人一张笑脸。

另外，出口的语言也要甜美。要知道，甜美的话语似琼浆玉液，是令人心醉的美酒，可以收到"话不醉人人自醉"的奇妙效果。当然，甜

美的话语不在于多少，而在于贴心，在于恰当地表达到心坎上，催生感情共鸣，制造融洽的交际氛围。

再者，在与人交流中，多表达你诚挚的关爱。诚挚的发自内心的关爱犹如温暾水里添了一把火，平和的温度立刻就能炽热起来，犹如清汤里投进了调料，平淡的味道立即便鲜美起来。两个人的关系再不好，只要融入了诚挚的关爱，彼此之间便立即温暖起来。所以，与人交往，一定要设身处地为对方着想，真心诚意地去关爱他人，不仅表现了高尚的品格，在交际对象心中还会产生爱的反响，促使心与心之间的沟通和交流。

最后，要有豁达的气度。豁达的气度可以减少人与人之间的摩擦，营造轻松愉快的人际环境，保持人与人之间关系的和谐。交际中，只要不是原则性的问题，完全可以本着"大事化小，小事化了"的态度，保持亲和力，维护凝聚力，强化亲和力。

在生活中，无论是挚爱的亲朋还是邻里的熟人，都是心胸豁达、宽容大度的人受欢迎，而小心眼、针尖对麦芒、得理不饶人则会遭到拒绝。豁达的气度能够显示出人的气魄、襟怀、度量，如同磁场一般彰显着人格的魅力。

你要尽显你的女人味，那就从现在开始练习展露你的亲和力吧！

· 魅力女人修炼法则

美国作家马克·吐温说："女人就该具有女人的一切天性——温良、耐心、长期忍受、可信、无私、宽宏大量。她的神圣义务就是安慰不幸者，鼓励丧失目标者，帮助忧伤者，拯救堕落者，亲近孤独者——一句话，对于叩击她那扇友好大门的所有遭受创伤和折磨的不幸儿童，她都用同情来治愈他们的不幸，用自己的心胸为他们提供一个安乐窝。"女人要提升亲和力，最为关键的就是有一颗善良的心。谦和的姿态、亲切的笑容、诚挚的关爱、豁达的气度等，都需要内心的善良去支撑。

好修养让女人静若幽兰，芳香四溢

一位哲人说，修养是一种人生体验到极致的感悟，是人生最极致的平静，那是一种更为简单纯净的心态：淡泊以明志，宁静以致远，这是中国传统文化修身养性的最高境界。要做魅力场上的韵味女人，就要提升自我的修养。一个有修养的女人静若幽兰、芬芳四溢，不会随着岁月流逝而渐失光泽，而会越发显得耀眼迷人。

 ## 52. 提升修养，不做招人厌弃的"粗俗女"

☆ 对于一个女人来说，不美丽、不温柔、不贤惠等，都是男人可以容忍的，但没修养绝对是男人不可容忍的！

☆ 只有一个有修养有内涵的女人，才能成为一个自信迷人的女人。这样的女人不会没有男人爱，这样的女人也不怕没有男人爱。她们美丽着自己的美丽，快乐着属于自己的快乐。她们的一笑一颦、一举一动，都令人赏心悦目，她们是这个世界上一道不可或缺的亮丽风景。

要做有魅力的女人，首先要提升修养，拒做招人厌弃的"粗俗女"。对于一个女人来说，你可以不漂亮、不温柔、不贤惠、没有情趣等，但

绝对不可以举止粗鲁、不讲文明、没有礼貌。那些张口闭口都是"金钱"或物质享受，言谈举止总有失分寸，总是会令人嗤之以鼻的。这种肤浅粗俗的女人，即便是腰缠万贯，也没有人愿意把她们当上宾看待。

而优雅有涵养的女人则不同，既便她们不漂亮，没有钱，没有名声和地位，就单凭优雅的举止，也足以赢得人们的尊重，这便是优雅气质的魅力所在，所以说，女人是需要优雅的。

美国哈佛大学毕业的微米琼斯是一个很漂亮的女孩，虽然拥有着高学历、好相貌，可是始终没有男孩子喜欢她，这让微米琼斯非常苦恼。于是她的朋友克里米奥介绍给了她一个名叫沃次克里的男孩子，男孩子起初果真被哈佛大学毕业的微米琼斯的高学历和好相貌所吸引，两个人开始交往起来。

没过多久，克里米奥就听说了微米琼斯失恋的消息，于是他决定帮忙找到沃次克里问问原因，沃次克里对克里米奥说："微米琼斯是一个很漂亮的女孩，只是她有的时候表现太粗俗了，她常常和别人说话带有脏字，而且头发整天乱糟糟的，坐着的时候喜欢跷二郎腿，经常抖腿，还经常对着我的家人挖鼻孔。我感觉有这样的女朋友好没面子啊。"

一个粗俗的女人不仅仅会害了自己，还会影响到周围的朋友，同时也会影响到自己在他人心中的形象。粗俗不仅仅会对生活造成不好的影响，同时也会导致事业的消极。女人一定要清楚，没有人会喜欢粗俗的女人。一个粗俗无礼的女人，无论她的长相有多么的出众、才华有多么的高深，都不会是一个有魅力的女人，同样也不会受到男人的青睐。所以，要做一个有修养、优雅的魅力女人，就绝不能让粗俗毁了自己的美丽或者气质。

女人不要让自己张口闭口就是金钱，更不要脏话不离口。一个为了占点儿小便宜而不择手段的女人毫无魅力可言，女人的内涵和修养绝对不是你在大街上骂跑了多少人，也不是你徒手能和几个悍妇比拼，粗俗的技巧即使有几十个第一名也无法让你脱离低级无知妇女的行列，而有修养的女人，则懂得在适当的场合用得体的言行赢得别人的尊重，让人心生敬慕之情。

在情场上，女人如果想征服一个男人，就不能仅仅停留在表面的美丽所带来的诱惑，而要注重心灵世界的交流。甜美纯净也好，性感动人也罢，只是吸引男人的眼球，但真正能震撼男人心灵的却是女人得体的言谈举止与底蕴深厚的修养。

试想，哪个男人不希望自己拥有一个秀外慧中、蕙质兰心的女人为妻呢？一个女人即便是有沉鱼落雁之容、闭月羞花之貌，如果行为粗鲁，也会让男人望而生畏，心生厌恶之情。相反，一个女人即便是相貌平平，但言谈举止中无不流露出高贵典雅、端庄大方，与之交谈，倍感轻松快乐；与之共事，真诚相待，团结协作，这样的女人常常能赢得男人的爱慕和追求。

对于女人来说，谁也无法抗拒岁月的雕饰，即便你双眸如潭、粉面桃腮、婀娜典雅，也总有流逝的一天，只有内在的修养才是让女人容颜永驻的"良药"。不要嗔怪岁月的无情，要去不断追求一颗宽容、忍让、体谅的心。青春的美貌漂亮一时，潇洒的气质美丽一世。男人通常尊敬那些富有修养和内涵的女人，并且常常试图和她们接近，和她们保持一种亲密关系或者共度一生是他们的人生梦想之一。为此，要做让男人念念不忘的魅力女人，就千万要注意提升自我修养，切不可做招人厌弃的"粗俗女"。

· 魅力女人修炼法则

1. 有修养的女人，即便容貌称不上美丽，但那颗清澈如水的心灵、端庄得体的言谈，足可以掩盖表象上的不足。

2. 有修养的女人，即便没有性感诱人的身材和勾魂摄魄的双眸，她的举止中却无不显示出温润和煦的人性光辉。

3. 愚者用肉体监视心灵，智者用心灵监视肉体。有修养的女人，心灵中永远透射出智慧、温暖、和谐的光芒。这样的光芒同样照射男人的心灵，从而赢得他们的心。

53. 字迹可以"潦草"，形象绝"潦草"不得

☆ 刘嘉玲说："在我眼中，智慧、干净、大方和有爱心的女人，最具吸引力，我认为女人的大忌是不修边幅，不注意小节。"

☆ 女人的外在形象如同天气一般，无论是好是坏，别人都能够注意到，但却没人会告诉你。

☆《流星花园》里的静学姐跟杉菜说：一个女孩子要时时刻刻把自己打扮得漂漂亮亮，因为说不定哪个时候就能碰见自己的白马王子。一个不注重自己形象的女人，会亲手葬送自己的幸福，亲手毁掉自己苦心经营起来的气质形象。

做有修养的魅力女人，要时时刻刻注意自己的形象。古代哲人穆格发说："良好的形象是美丽生活的代言人，是我们走向更高阶梯的扶手，是进入爱的神圣殿堂的敲门砖。"品位女人勒羽西说："对于一个女人来说，你的形象价值百万！"可见，良好的形象是女性通往魅力殿堂的必要条件。

然而，现在的一些女人，厌恶那些繁文缛节，出门前总会随手抓起一件衣服，也不清楚自己是否蓬头垢面，最终只会彻底毁了自己在他人心目中的形象。要知道，对一个女人来说，你的字迹可以"潦草"，但是形象绝对"潦草"不得，它有可能会将你悉心经营起来的一切毁于一旦。

刘岑是一家大型公关公司极为出色的员工，不仅人长得漂亮，而且能说会道，所以，公司总将大的 case 交给她去做。

一次，刘岑作为公司代表与英国一家企业谈合作项目。通过前期的市场调查，英国公司很是看好和重视这次合作。这次洽谈，主要是奔着签署合作协议去的。但是，在洽谈刚开始的时候，英方代表却直接拒绝在合作意向书上签字，而且对刘岑说了一句很奇怪的话："小姐，您今天很漂亮，但请您到洗手间镜子面前验证一下自己的缺陷。"刘岑很是奇怪，便独自到了洗手间，看到自己的牙缝中夹着一片菜叶，而且自己白色的衣领子上也沾了一些污渍。这时，她才意识到是吃早饭时不小心弄上的，出门前匆匆忙忙却忘记了照镜子，她顿时羞红了脸。

最终，英方代表说："我们最为看重的是本公司一流的服务和产品，但是刘小姐的形象向我们表明，你们并不是一个追求完美品质的公司。一个自身形象都不在乎的人，如何保证他能生产出完美的产品来呢？"

这让刘岑后悔万分，没想到因为一个小小的失误，却给公司带来了巨大的损失，她被迫离职。但是，现在后悔又能为自己挽回些什么呢？

可见，一个形象"潦草"的女人，其杀伤力是巨大的，它可以让人在瞬间将你的一切都否定掉。要知道，当一个女人在疏忽自己的外表之时，她就已经完全失去了作为一个魅力美女应该有的精神态度了，就会错失一切美好的事情。

托尔斯泰说过："没有比漂亮的外表更有说服力的推荐信了。"女人要拒做形象"潦草"的女人，就要学会平时在外出前，注意一下自己的妆容，照照镜子，打扮打扮，这是对自己的肯定，更是对他人的尊重。

另外，一个注重个人形象的女人，总能在人群中得到信任，总能在逆境中得到帮助，也必定在人生的旅途中不断地找到发挥才干的机会，最终做到时刻用自己的风采魅力去影响他人，活出真正精彩的人生。对于女人来说，如果你能充分地注意外在形象，不仅能为你的生活增添色彩，更有助于提升你的影响力。

宋庆龄女士是世界公认的伟大女性，她除了拥有崇高的品质、高尚的人格外，还有着美好的仪表形象。

美国作家艾斯蒂·希恩曾在作品中这样描写她："她雍容华贵，却又那么朴实无华，堪称稳重端庄。在欧洲的王子和公主中，尤其是年龄

较长的身上，偶尔也能看到同样的影响力。但对这些人而言，这显然是终身培养训练的结果。而孙夫人的雍容华贵与众不同，这主要是一种内在的影响力。它发自内心，而不是伪装出来的。她的胆略见识之高，人所罕见，从而能使她在紧要关头镇定自若，同时，端庄和胆识又使她具有一种根本的力量，这种力量能够消除人们由于她的外表而产生的那种柔弱羞怯的印象，使她具有坚毅的英雄主义的影响力。"

由此可见，良好的形象，除了能展示个人的气质与风度外，还有助于提升自我影响力。

每个人的形象，无论好坏，都是充满着独特的影响力的。因此，形象是每个人向世界展示自我的"窗口"、向社会宣传自我的"活广告"、向别人介绍自我的"名片"，别人从我们的形象中获取对我们的印象，而这个印象又影响着他们对我们的态度和行为。所以，每个人都在这个最基本的互动过程中追逐着自己人生的梦想，实现着生命的价值。为此，要提升自己的影响力，就要在平时多注意自己的外在形象，即出门前照一下镜子，吃完饭漱漱口，检查一下自己的牙齿，不要总是抱着一副"吃不了兜着走"的心态，终会落下潦草女的坏名声，从而彻底毁了你的气质。

> **· 魅力女人修炼法则**
>
> 　　同样的人生，有的人潇洒，人见人爱，有人却哀叹自己的满腹才学，无人赏识；有人展现自我，活出精彩，也有人却怨苍天无眼，命运不济。为什么同样的人生，却有着不同的境遇和结果呢？其实，生活经验告诉我们，每个人都想追求完美的人生，但很少有人真正去注意自己在社会交往中的形象，这种良好的形象体现在仪容仪表的刻意修饰，更是温文的性格、积极的心态、文雅的修养带给人的影响力。

54. 别让"出口成脏"毁了你的形象

☆ "出口成脏"不仅仅是一种不礼貌的行为，同时还会影响你的人格魅力。

☆ 一个妩媚的女人如果讲出粗话来，就像一件天鹅绒的晚礼服上被酒鬼吐了呕吐物一样，让人有种想要呕吐的感觉。所以，要做一个有修养的女子，一定要远离不文明礼貌的话语。一句粗话有可能会让你的形象在顷刻间大打折扣，那么，你后面说出的话再漂亮、好听，也无济于事了。

要提升个人修养，就要拒做"出口成脏"的庸俗女人。生活中，那些张口闭口脏话的女人，除了暂时标榜了自我、释放了自我快感外，也给自己的脸上涂了一层黑黑的油，将她们本来长得不错的脸上涂的粉给遮住了，令人看到眼里只有那种令人作呕的黑，除了引来别人的侧目，招人厌恶和反感外，是不会有欣赏的眼光惠顾的。

要知道，中国古代就有"良言入耳三冬暖，恶语伤人六月寒"的说法，也就是说，当你的脏话从你的口中说出去的那一刻，它的威力不仅仅损害了对方的心理，同时也损害了自己的形象。一个文化素养严重缺失、没有内涵的人才会满嘴的脏话，那么，说脏话的女孩自然也就毫无魅力可言。

关于魅力女人的修炼，脏话是一个很大的禁忌。首先，说脏话是一种不礼貌的行为，同时说脏话难免会显得粗鲁。可以说，"出口成脏"的女人，已经丧失了一个女人该有的特质，又何谈魅力呢？

陈默是一个外表青春靓丽、长相甜美的女孩子，因为自身的这个优势，博得了很多男孩子的竞相追逐，终于同样很受女生喜欢的泽熙追到了她。在外人看来，他们简直就是天造地设的一对，但是没过多久，很多人就发

现了，陈默经常一个人走在放学的路上，满脸的忧郁，泽熙很少陪在她的身边。过了没到两个月，这场令人称美的恋爱就以失败而告终。

当有的男生问泽熙怎么不好好珍惜陈默的时候，泽熙说了这样的话："陈默的确是一个外表很吸引人的女孩子，但是当你接触她，慢慢了解她，你就会受不了她。"好友凌霄问："难道她有公主脾气吗？这个也没什么，女孩子都会有一点。"泽熙痛苦地摇摇头说："就算她长相普通，就算她有公主脾气，我都能忍受，可是她居然是一个满嘴脏话的女孩，和她出去逛街，总感觉自己身边带了一个特别没有涵养的人，而且总会遭到大家异样的目光，我实在受不了她了。"凌霄也摇摇头说："可惜了那一副好皮囊啊！难怪她一直单身。"

其实在男人的心中，气质优雅的女人永远胜于漂亮的女人。你可以试想，一个整天要么不说话、要么一张嘴就是脏话的女人，吵起架来一副天不怕、地不怕的架势，如何能够让男人心生怜悯，激起男人保护的欲望呢？更何况从嘴巴里吐出来的是脏字，是恶俗的语言。这就和一块价值连城的美玉是一个道理，美玉外表无瑕，里面却经常散发出一些臭味来，如何不让人想作呕，又如何会让人喜欢呢？

所以，作为女人，你的谈吐不一定要非常的高雅，但是绝对不可以充满污言秽语，张口闭口就把老祖宗拿出来，抖擞一圈，或者三句话离不开父母亲，这样做不仅有损自己的形象，同时也会让别人怪罪你的家教不严，父母没有把你教育好，让自己的父母也随之形象全无。

• 魅力女人修炼法则

面对一个"出口成脏"的女人，千万不要也以"脏"还"脏"，那只会毁了你的形象，最好的办法就是对她爱理不理，而且她说什么都别计较，然后淡定地对她说："既然你喜欢这么没修养的话，那就继续骂吧，我就当同情你了，希望可以满足你畸形的心理。"这样她便会哑口无言。

55. 内涵是一种养料，能让优雅枝繁叶茂

☆ 对于女人来说，内涵是一种肥厚的养料，优雅之树只有深扎在它上面，才能枝繁叶茂。

☆ 美丽的容颜，漂亮的装扮，婀娜的体态，只是一个女人的外包装，真正令一个女人闪耀的始终是她的思想、修养与学识。有内涵的女人，是一朵常开不败的鲜花。

女人如花，花如女人，花一般的女人是需要一些内涵的。有内涵的女人，说话富有智慧，举止文雅，是优雅的，也是能经受住时间打磨的。

但凡有内涵的女人都集温柔、亲切、和善、诚恳、高尚、笑容于一体，这些优秀的品性都是一种丰厚的"养料"，能让女人的"优雅"之树枝繁叶茂。生活中美艳的女性不少，但是真正可爱的女人却凤毛麟角。有一种女性，虽然没有动人的容貌，但她的举止得体、性格和蔼，让人备感亲切，那种内在沉淀出来的优雅要远远地胜过她的容貌。相反，还有一种女人极其漂亮，但当她与人相处一段时间，就会让人觉得她不过是个"绣花枕头"，只有外表，却丝毫无魅力可言，招人厌烦。

一个长得漂亮、打扮入时的女人上了飞机，在头等舱中坐下。空姐过来检票时，就告诉她："女士，对不起！您的机票是普通舱的，不能坐在这里。"

美女说："我是性感的美女，我要坐头等舱去东京。"空姐听到此话无可奈何，只好如实报告组长。组长走过来对美女解释道："实在是抱歉！您买的不是头等舱的票，所以还是请您坐到普通舱中去！"

"我是性感的美女，我要坐头等舱去东京。"美女仍然重复着那句

话。组长没办法，就俯身对美女耳语了几句，美女马上就变得面红耳赤，急忙站起身向普通舱走去。这令空姐惊讶不已，急忙问组长与美女说了些什么。组长回答道："我告诉她头等舱不到东京。"

这个故事其实是在讽刺那些自恃漂亮的无内涵女人，靠脸蛋吃饭，还理直气壮。对于这样的女人，男人只会对其不齿，然后避而远之。因为这样的女人都肤浅得缺乏自知知明，不了解自己的短处，看不清自己的缺点，却总爱对别人指手画脚，与这样的女人在一起，会给男人带来无尽的麻烦，时刻会让男人体会到沉重和懊恼。相反，那些出口彰显智慧、举止文雅的女人，即使相貌不出挑，那种由内涵显现出来的优雅，也会立即补救她容貌上的缺憾，让人难以忘怀。可以说，内涵能赋予女人以美丽的灵魂，使美丽长驻，内涵才能使美丽得以质的升华。内涵是一个女人走向魅力之路的至宝，亦是一个女人一生的财富。

当然了，内涵并非是天生的，是需要后天不断修炼的，内涵女人一般都能做到以下几点。

1. 但凡有内涵的女性，必要时，都会十分坦率地承认自己的过错，而以道歉代表狡辩，能够以宽大的胸怀，虚心接受他人的批评，并且从中找到自己的缺点。这种雅量与风度，是一个女性一生中最为难能可贵的品位。大凡有内涵的女性，都有极强的进取心，总是不断地汲取他人的长处，尽量地提升自我，改善自己，借以使自己更趋完美。

2. 有内涵的女性，都是独立自强的，她们会用自己的知识打造一片属于自己的天空，成为点缀生活的一道亮丽的风景线。一个徒有漂亮外表的"外秀"女人，很容易成为一个"花瓶"，而有智慧有头脑的"内秀"女人会让人喜欢，让人难忘。

3. 有内涵的女性，都不忘给自己"充电"。她们会随着新事物、新技术的不断更新而自觉更新自我，永跟时代发展的潮流，永不落伍。

> **· 魅力女人修炼法则**
>
> 1. 做内涵女人，对人有适当的矜持是必要的，但不可忘了要亲切待人，关爱他人，助人为乐。
>
> 2. 内涵女人，总是有些容忍度的。这样的女人待人不苛求，能够宽恕别人无心的过失，尤其是不吹毛求疵，凡事多为他人着想。

 ## 56. 魅力女人会将教养刻进骨子里

☆ 作家契诃夫说，对男人来说，智慧和教养最要紧，漂亮不漂亮，对他来说倒算不了什么！要是你头脑中没有教养和智慧，哪怕你生得再漂亮，也还是一钱不值。

☆ 卢梭说，无知的人总以为他所知道的事情很重要，应该见人就讲。但是一个有教养的人是不轻易炫耀他肚子里的学问的，他可以讲很多东西，但他认为还有许多东西是他讲不好的。

有一次，有位记者采访李亚鹏，问他希望自己的女儿李嫣将来成为一个什么样的人。他说，有教养的女孩。可见，教养对一个女人来说有多么的重要。生活中，大凡是有些魅力的女人，都会将教养刻进骨子里，并伴随自己的一生。

对女人来说，知书达理是教养，孝敬长辈是教养，在公众场合不大声喧哗、随地吐痰是教养，有教养的女人是令人尊敬的、让人愉悦的，使人感到如沐春风。同时，有教养的女人说话有分寸，对人不尖酸刻薄，不会为几毛钱而讨价还价，不会占小便宜。有教养的女人在公众场合端庄大方，不做作，举止不轻浮，有爱心并善于表达感情，常常赞美祝福他人，而不是嫉妒他人。和有教养的女人共处，总像有潺潺溪水流

过。对男人来说，将一个有教养的女人娶回家，共度一生，是他们人生的重要梦想之一。

富有教养，是道德美的表现，它会让女人随着岁月的流逝、心灵的净化而日益显示出无穷的光华。相反，一个说话粗俗、自私自利、尖酸刻薄、总以自我为中心，毫不考虑对方立场，甚至根本无视他人存在的女人，会招人厌烦，让人感到索然无味。

一个男子要与太太离婚，太太坚决不同意，她认为自己含辛茹苦地扶持他，打理这个家，陪伴他度过几十年，无论丈夫有没有钱都跟着他创业打拼，他并没有理由要和自己离婚。其实，这个男子也并不是很富有，他也只是个普通的出租车司机，还在起早贪黑地挣钱，也没有出轨，但是他要离婚的决心很大，并到法院起诉。

法官问他："你为什么要和太太离婚？"男人说："三个理由，让人不可忍受，我已经忍了太久，不想再忍，就像一只气球一样，被不断地吹大，吹到一定程度，到了它的极限时，就会爆炸。我就是快要爆炸的气球。这主要是因为，我的太太缺教养，理由有三：一是心胸狭窄，总爱猜疑；二是太过小气，在公众场合，从来不顾及我的脸面；三是不够善良，没有丝毫的同情心，经常虐待我的父母。"三个理由说出后，大家都哑然，最终都支持这个男子离婚的请求。

上述这位太太犯的根本不是什么原则性的大错，但就是因为这些小事，积怨久了，就成了一个家庭的定时炸弹，毁的是一个辛苦经营十几年的家，毁的是一个女人十几年的青春付出。要知道，青春是不可再生的，女人尽管为家付出了许多，但男人却丝毫不领情。由此可见，一个女人具有美好的品行、良好的教养，在男人眼中是多么的重要。

有位模范母亲说："大抵可从厨房、化妆室的干净整洁程度看出一个家庭的美丑，看出一个家庭主妇对这个家所付出的心血以及对这个家的热爱程度，这实在是很重要的一点。"还有一位知名企业家也说："只要看办公大厦的盥洗室，即可觉察到该企业是否坚实昌隆，女职员是否具有良好的教养。"其实，生活中，我们完全可以从一个人的行为中观察出他的教养程度。如果一个人动不动就骂人、害人、损物，伤害别人的身体，或者做一些超出道德标准的事，那就是没有教养的表现。为此，要做一个有教养的女人，就必须注意自己生活中的日常行为，同时，也要不断地扩大自己的阅读范围，提升自己的知识素养，这样才能从根本上提升自己。

有教养的女性常常会鞭策自己。这就意味着不姑息自己，对自己采取严格要求的态度。但如果对自己姑息而苛责于人，这种人是没有资格被称为有教养的。

好莱坞一位成名的影星常说："我的教育者，就是我自己。"她之所以能够正确地控制自己，演技获得肯定，乃是她不断地在鞭策自己，以致她虽只受过不多的教育但仍旧把自己塑造成了一位具有良好教养的女性。可见，良好的教养，不在于家庭，而在于后天的自我教育。为此，做有韵味的魅力女人，一定要懂得时时鞭策自己，慢慢地让教养入骨入髓。

> **· 魅力女人修炼法则**
>
> 缺教养女人的基本表现：①心眼浅、器量小。②丈夫上班时喜欢追查其行踪。③喜欢偷偷查丈夫衣袋。④一分钟也不许丈夫离开自己的视线。⑤不孝敬公婆，只孝敬自己亲爹亲娘。所以，要修炼成为魅力女人，一定要远离这些行为。

57. 时时记得要为生命"化妆"

☆ 杨澜说："在与别人交往的过程中，谈吐与修养是最能征服别人的。喜欢看书的女孩，她一定是沉静且有着很好的心态，一定是出口成章且优雅知性的女人。"

☆ 魅力女人是充满书卷气息的，有一种渗透到日常生活中的不经意的品位，谈吐中超凡脱俗；有一种不同于世俗的韵味，在人群中超然独立；有一种无须修饰的清丽，超然与内蕴混合在一起，像水一样柔软，像风一样迷人。

有人说，世界有十分美丽，但如果没有女人，将失掉七分色彩；女人有十分美丽，但远离书籍，将失掉七分内蕴。不可否认，读书是提升女人修养和韵味的重要途径。读书的女人是美丽的，读书也是为自己的生命"化妆"。正所谓"腹有诗书气自华"，书是女人修炼魅力之路上最值得信赖的伙伴，依靠它，你将不再畏惧年龄，不会因为几丝小小的皱纹而苦恼。因为，你已经拥有了一颗属于自己的独特心灵，有自己丰富的情感体验，你的生命，你的灵魂，你的生活，都能焕发出迷人的韵味来。

鲁豫说："书籍还是女人保持自己魅力的法宝，一个和时代同步的女人，肯定是一个爱读书的女人，她从里到外都散发着迷人的风采。"靳羽西说："书籍是女人永远的护肤品，没有失效期。它不但护肤而且护心。对女人来说，世界上内外兼护的东西唯有书籍。"一个女人，无所谓什么身份，只要她在全神贯注地看一本书、一本杂志、一张报纸，她身上的那股专注劲，总是十分迷人的。

爱看书的女人能将书中的精彩放大：她能让书中的灵魂一个个地复活，与它们成为知己朋友，并用睿智的眼光去扫视一切现实，让自己变得更为完美。

梅珊家境优越，从小到大从未离开过家，她看上去极为文静，好像总是需要人呵护。但实际上，她却是一个能干的女人，在大学任职的她还兼职一家电台晚间节目的主持人。和梅珊聊天，就能发现她是一个有智慧的聪明女人，对人生她有着独到、深刻的见解，对生活的一些事情都看得很开，而且非常了解自己，很明白自己想要什么。

其实，这一切都源于梅珊爱读书的习惯。她的卧室中总是放着一些能启迪人生智慧的书籍。一旦读到那些能解答心中困惑的句子，她就会用笔将这些句子记下来，反复地品味揣摩，如果觉得有道理，她就会采纳书中的建议。久而久之，梅珊便克服了自己的一些缺点，也变得更加坚定和优秀了。

这个世界变化得太快，如果不紧跟时代的脚步，很可能就会被淘汰。只有不断地去学习，才能够知道这个世界已经发展到一个什么程度，自己该去掌握哪些不断更新的先进技术。这样人才能够进步，才能够保持自己的竞争力。

生活中，不乏梅珊这样的女人，她们在装扮自己的时候，时时不忘给自己的生命化化妆，她们喜欢买书、看书、写作，书是她们经久耐用的时装和化妆品。她们即使衣着普通、素面朝天，走在花团锦簇、浓妆艳抹的女人中间，也会格外地引人注目。这就是由内而外散发出来的一种气质和修养，让她们显得韵味十足。

懂得为生命化妆的爱书女人，无论走到哪里都会成为众人眼中的宠儿。她可能貌不惊人，但却有一种内在的气质：优雅的谈吐超凡脱俗，清丽的仪态无须修饰，那是沉静的凝重，动态的优雅；那是坐的端庄，行的洒脱；那是天然的质朴与含蓄相混合，像水一样柔软，像风一样迷人，像花一样绚丽……

懂得为生命化妆的女人，做事能进行深入的思考，明白怎么才能想出办法。她们智商较高，能将无序而纷乱的世界理出头绪，抓住根本和

要害，从而明智地提出解决问题的办法来。

爱读书的女人是美丽的，而且美得别致。她们不似鲜艳的玫瑰，不似浓烈的红酒，只像是一杯散发出幽幽香气的淡淡的清茶，即便不施脂粉也显得神采弈弈、风姿绰约、秀色可餐！所以，要想保持恒久的魅力，请别忘记时时到书店为你的生命化化妆吧，它让你的气质有新陈代谢的机会，保持心境的年轻与外表的光彩，让自己随着岁月的流逝变得更为优雅、睿智！

> **· 魅力女人修炼法则**
>
> 女人要养成读书和读好书的习惯，要尽可能把更多的时间用在阅读名著上，那些娱乐的、通俗的书籍会被时间淘汰，保留下来的已经不仅仅是一本书，而是人类思想和经验的精华。读好书，会花掉更多的时间，但你是在与伟大的思想和不朽的经验碰撞和交流。不管你有什么样的学历和教育背景，都可以通过阅读接受教育，改变人生。阅读是一个丰富的精神旅程，一旦你养成了阅读的习惯，投入其中，你便会体会到什么叫滋养和心灵的成熟。

58. 只有气度非凡，才有气场轩昂

☆ 有气度的女人，能忍他人所不能忍，容他人所不能容，她们能散发出巨大的影响力，拥有强大的"气场"震慑力。

☆ 心是一个容器，装的宽容多了，仇恨就会被挤出去；装的简单多了，纠结就会被挤出去；装的满足多了，痛苦自然就被挤出去；装的理解多了，矛盾就会被挤出去。做女人要有气度，要用爱去填充内心，善待怨恨，退一步，海阔天空；忍一时，风平浪静。

做有韵味的魅力女人，就要有气度。那些心眼小、善嫉妒、心肠歹毒的蛇蝎美人，从来都是人们所排斥的对象。正所谓"面由心生"，那些气量小的女人，总是感情用事，生活中一点点的风吹草动，便能让她们乱了方寸，失去魅力女人该有的优雅，而有气量的女人，刚毅坚韧，淡定从容，能在生活的沉浮之间显沉稳，在人生的涨跌之间显气魄，在得失之间见胸襟，世事洞明，人情达练，自信从容间见气定神闲。这样的女人是气场轩昂的，她能在自信从容间，散发出一种积极的力量，让人敬佩和赞美。

在情场上，有气度的女人，从来不会因为爱人的一点儿小过失而大发雷霆，她们富有智慧，总能用大度给男人自由，并赢得男人的青睐。对爱从不苛求、不强求，不仅不苛责男人，而且她们的宽容和大度让她们散发出强大的气场，总能让男人感到安宁和放松，让男人在伤心、疲倦甚至太过激动的时候，都想要和她在一起。

刘雅是朋友圈里有名的有度量的女人，当周围的姐妹向她抱怨老公是如何不重视她们，是如何向大街上的漂亮女人抛媚眼时，刘雅却始终不动声色，她只是说："想让老公爱，也不等于非要剥夺他们欣赏美女的权利。"

有一次，一个女孩爱上刘雅的老公，晚上很晚打电话向老公倾诉衷肠。刘雅知晓后，便轻轻地把房门关上，以给老公留私密的空间自己解决。她一个人则在客厅里看《蜡笔小新》，笑得前仰后合。

还有一次，老公的前任女友被人甩了，难过之时就给刘雅的老公打电话，约他出去喝咖啡，希望听到一些安慰之词。刘雅便一点也不动怒，还给老公找衣服，并好好地熨烫完毕，帮他选择最合适的领带，还告诉老公："我要让她见到最帅气的你，绝对比爱她的时候神气！"

这些都让老公心生感激。一次老公告诉她："我有一个开酒吧的朋友就是害怕失去自由而不敢结婚，我把你的事情对他讲了，那小子可妒忌坏了。"果不其然，第二天，刘雅的老公便收到那位朋友的电话：再

有像刘雅那样的姑娘一定要介绍给我，你都让我嫉妒得牙痒痒了！

有气度的女人，是智慧的，总能让男人感到轻松，是男人心灵休憩的港口。即便她看到心爱的男人和别人的女人在一起，也不会歇斯底里，哭天抢地，更不会抢上前去大闹一通，而是静静地在远处观望，并且通过改善自我去拴牢男人。

在交际场上，有气度的女人在为人处世时，总能宽容、谅解、谦让，即便她们与旁人发生摩擦，或他人冒犯了自己或损害了自己的尊严和利益时，她们也总会给对方以理解和宽恕，彰显出女人特有的优雅来。总之，无论在什么时候，有气度的女人总能以博大的胸怀赢得他人的尊重和敬爱。这样的女人气场强大，富有威信和吸引力，能广泛地赢得友谊、信任和支持。

其实，对一个女人来说，最难得的品质便是懂得宽恕。宽恕并不是任何人赋予我们的，而是自己给自己的一种福祉，一个肯在别人心中播撒下爱的种子的大度女人，一定会收获美丽的鲜花。

气度非凡的女人总能用强大的气场升华他人的人格，提升他人的价值，感化他人，唤起他人的良知，让世界多几分祥和，少几分争斗。总之，有气度的女人最有魅力，做女人也只有气度非凡，才有气场轩昂！

· 魅力女人修炼法则

一位智者曾经这样说过："你必须宽恕两次。一次是你必须原谅你自己，因为你不可能完美无缺；另外你必须原谅你的敌人，因为你的愤怒之火只会让你变得更加愚蠢。"一个人的胸怀能容得下多少人，就能够赢得多少人。所以，女人在与他人相处时，要学会宽以待人，即对他人不过分、不强求，以宽为怀，能让人时且让人，能容人时且容人。

59. 宽容是女人容颜永驻的绝佳"滋补品"

☆ 著名作家雨果曾经说过："世界上最宽阔的东西是海洋，比海洋更宽阔的是天空，比天空更宽广的是人的胸怀。"

☆ 一滴墨汁落在一杯清水里，这杯水立即变色，不能喝了；一滴墨汁溶在大海里，大海依然是蔚蓝色的大海。为什么？因为两者的肚量不一样。不熟的麦穗直刺刺地向上挺着，成熟的麦穗低垂着头。为什么？因为两者的分量不一样。宽容别人，就是肚量；谦卑自己，就是分量；合起来，就是一个人的质量。

☆ 宽容，能体现出一个女人良好的修养、高雅的风度。它是善良和仁慈的表现，超凡脱俗的象征，任何的荣誉、财富、高贵都比不上宽容。宽容是一种美德，它能让女人因为少生气而不增添皱纹，也会让女人因为内心的善良而生出娇美的容颜来。可以说，宽容是女人容貌永驻的绝佳"滋补品"。

要做有韵味的魅力女人，就要学会宽容。宽容的女人是美丽的，她能得到他人的尊重。

人们常常用大海一样的胸怀来形容宽宏大量的女人，而一个女人的宽容首先就是面对丈夫。在长期的家庭生活中，吸引对方持续爱情的最终力量，不是美貌，不是浪漫，甚至也可能不是伟大的成功，而是一个人性格的明亮。这种明亮是一个人最具吸引力的个性特征，而这种性格特征的底蕴在于一个女人怀有孩子般的宽容之心。在家庭中，与宽容的女人相处起来，男人会感到生活顺畅得多，满心欢喜，宽容是一种智慧，有的时候会让很多不顺心的事情，不攻自破。宽容是一种美德，有这种美德的女人自然也是最美丽、最有气质的。

晓枫性格温和，柳婷善解人意。两人结婚五年了，有个两岁的可爱

的女儿，一家三口过着平静如水的生活。然而，有一天，细心的柳婷在洗衣服的时候发现丈夫的衣兜中有一封信，好奇的柳婷便打开了，随即一行娟秀的字迹映入眼帘："好多年过去了，我真是后悔当初与你分手，这几年我真的难以爱上别人，你是我今生的至爱！失去你，我真不知道我今后的生活如何进行下去……"这是个叫张心的女人写给丈夫的。

这让柳婷内心很不是滋味，然而，她马上又冷静下来。通过多方打听，柳婷了解到，张心是丈夫大学时的初恋女友，两人有过一段刻骨铭心的爱情。后来，因为毕业后工作在异地的原因，就分开了。

当柳婷知道丈夫的这些秘密后，她很是伤心。但是，她明白，那已经成为永远的过往了，再去责问丈夫，只会将丈夫越推越远。从此之后，柳婷对丈夫更温柔体贴了，她知道，只有这样才能紧紧抓住丈夫的心。

几天之后，柳婷下班回家时，看到找上门来的张心。面对此，柳婷没有冷淡地对待对方，而是热情招待，为她准备了一桌丰盛的晚餐，席间不停地嘘寒问暖，并谈到自己的家庭很是幸福。饭后，柳婷便找借口拉着女儿出去散步了，给丈夫和他的昔日恋人以交谈的机会。

望着妻子疲倦的面容，想起妻子平日的种种，晓枫感动了，他对待张心始终像一个老朋友，不时还夸赞柳婷几句。张心看到了一切，对晓枫说道："真羡慕你，有这样一个好妻子！"

世上最大的美德便是宽恕！然而，宽恕需要拥有一颗沉稳淡定的心，在任何时候都要大度，不要固执己见，多站在他人的角度上去考虑问题，这样就可以避免诸多的矛盾了。

当然，宽容并不是一味地忍让和妥协，宽容也是有底线的。有句话说："不会生气的人是愚人，不去生气的人方为智者。"女人要修炼个人魅力就是要保持自身外在的美丽和内在的修养，遇到的很多事情不能够宽容地去看待，而是心生嫉恨，这样的女人不仅没有气质可言，同时也是愚昧的表现，因为你心生嫉恨就是让别人控制了自己的快乐。莎士比亚说："不要因为敌人而燃起怒火灼伤了自己。"宽容会让一个普通的人瞬间变得伟大，还会让很多难以解决的事情很容易地化解开来。

　　但你看到一个有点责任就往别人的身上推，面对别人不故意无心的冒犯而暴跳如雷的女人时，你能够从她的身上看到什么魅力？女人要有一个好性格，有的时候因为别人的错误惩罚自己是不值得的，总是情绪低落、心情抑郁的女性患乳腺癌的风险也高出几倍，所以，宽容地面对别人也是对自己健康负责，同时也展现了一个女人的大气，更显女人的美丽。

　　有人曾经问过艾森豪威尔将军的儿子约翰，将军是否会记恨别人。他骄傲而肯定地回答："不会，我爸爸从来不浪费哪怕一丁点儿的时间去想那些自己讨厌的人。"做女人也应该如此，当一个女人面对一些可能会影响我们情绪的事情时，宽容的谅解能够体现出一个成熟女人的人格品质和完美气质，只有那些笨的人才会批评、咒骂、抱怨他人。

　　上帝说"爱你的仇人"不仅仅是道德的修养，同时也是教我们如何健康快乐地生活。宽容是把一个普通的女人变得更加有气质的最好方法，宽容也是女人容颜永驻的"滋补品"，这样的女人不会因为生气而长皱纹，也不会因为内心被邪恶所充斥而变得丑陋。《圣经》中说："心怀爱心地吃蔬菜，比心怀怨恨地吃牛肉要好得多。"所以女人们面对很多事情都要看得开，放得下。对他人多一些理解和包容，自己也会多一些美丽和魅力。

· 魅力女人修炼法则

　　学会宽容，人的心胸就会变得开阔。当你被人误解，或者你误解了别人时，宽容会在时间的流逝中抚平一切伤痕，调和一切苦楚。宽容是大度的弥勒佛，能够容忍世间的是是非非、恩恩怨怨。因此，在日常生活中，我们要时刻以宽容的心态去面对一切，这样才能征服一切，才能收获内心的宁静和快乐。

60. 绝不做轻轻一拍，就跳得老高的"皮球"

☆ 谦虚和气的优雅女人，其美是从骨子里透出来的。她的容颜也许不像年轻女子那样能招出水来般柔嫩，但她的举手投足、轻颦浅笑间渗透出来的美，好像初秋的微雨，慢慢浸透你的身心。

☆ 哲学家斯宾诺莎说过："最大的骄傲与最大的自卑都表示心灵的软弱无力。"女人在情场上，可以在心态上保持高傲，但在为人处世上绝对不可以表现出你的不可一世来，那会降低你的地位，削减你的魅力，毁掉你的气质！

要想修炼成为魅力女人，就要学会谦虚，拒绝高傲。高傲的女人就像一只轻浮的皮球一般，轻轻一拍，就跳得老高，她们得意忘形的样子不仅仅一点都不高雅，通常还会让人觉得反胃，毫无魅力可言。英国剧作家莎士比亚说过："一个骄傲的人，结果总是在骄傲里毁灭自己。"骄傲的女人，总是像一只随时准备战斗的斗鸡一般，那一副满不在乎的样子，会让她们的形象大打折扣。

在情场上，太过高傲的女人也是遭男人排斥的，男人同她们在一起，时时会遭到数落。这样的女人，和心态上的高傲不同，她们一味地自高自大、自以为是，从不会诚恳地接受他人的意见或建议，毫无魅力可言。

高洁是学经济管理专业的女孩子，她不仅人长得漂亮，而且家庭条件非常的优厚，毕业以后直接进入了当地一家很有名的企业上班。初次见到她，并看到她能力很不错的老总决定重用她，从此以后，每当有同事和她讲话的时候，她总是一副了不起的样子，并总是说别人的观点如何的可笑。

公司里有个家在农村的女孩小静，有一次买了一件新衣服，好多同事都夸小静很漂亮，高洁却说："哼，漂亮的衣服也掩盖不了她浓重的乡土味。"这句话让很多同事都对她不满。小静也因此不再和她说话。

公司有一次写检验报告，文学专业的赫敏给高洁提出她的报告有语病的时候，高洁一副了不起的样子说："不要以为你是学文学的就优秀，文章写得再好，也只能做个普通的员工。"这句话正好被路过的老总听到了，老总狠狠地训斥了她一番，并对她说："年轻人这样不虚心，如何能进取，你明天不要来上班了。"

在日常生活中也是如此，没有人喜欢自己身边的朋友都是一些骄傲自满的家伙。一个不懂得谦虚的人，即便智商再高，再有才华也不见得会受到别人的尊重。女人的魅力是靠自己修炼出来的，目空一切的"皮球"式的女人一点儿也不可爱，"水满则溢，月满则缺"，成熟饱满的稻穗都是低着自己的头，而那些空空如也的稻穗才是高高地抬起头。

一个喜欢自吹自擂，没有自知之明，喜欢标榜自己的"皮球"女人，永远都不会得到他人的尊重，女人的魅力修炼并不是靠每天盲目自信和目空一切抬高头颅，而是懂得虚心地听取别人的意见或建议。在社交场合，这样的女人无论自己有多优秀，都会向夸奖她的人表示："多谢你的赞美，我会继续努力的。"或者是："我觉得自己还有很多不足的地方，还请您多多指教。"一个女人只有低下高傲的头颅，俯首听听其他的声音，才会让自己越来越完美，越走越高，越来越有气质。

一个充满了鄙视和瞧不起的眼神，永远没有柔和充满期待的目光看起来有气质，说出"你不行""我都会"这些话永远都没有"你做得不错""我还需要继续努力"更优美动听。一个谦虚的女人是值得尊敬的，同时也是充满魅力气质的，聪明的女人都知道，放下自己的辉煌成绩才能向前走得更远，不要看不起你周围的任何一个人，每个人都有自己独到的地方且不可超越。

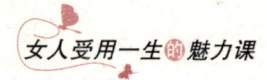
·魅力女人修炼法则

中国自古崇尚中庸之道，一个聪明的女人，处于复杂的环境中，一定要懂得低调和谦虚，不要过于显露自己的才华，在坚守自身志向的同时，要学会隐忍，多以低调的姿态和态度去为人处世。凡事讲求"花宜半开，酒宜微醉"，低调做人，收敛锋芒，这是做人的一种大智慧。

61. 魅力女人的字典里少不了"矜持"二字

☆ 法国作家巴尔扎克说："一个年轻美貌的女人决不肯让男人对她存有唾手可得之心，把恋慕之情硬压在心头而假作端庄的举动，比最疯狂的情话来得意义更深长。"

☆ 矜持就像是披在女人身上的一件优雅华美的丝绒披肩，它让女人用自己丰富的内心世界和生活的智慧，将自己装扮成令人爱不释手、耐人寻味的"一千零一夜"。

☆ 女人的矜持，不是故作姿态，不是古板无趣，更不是横眉冷对；女人的矜持之美不在于外表的修饰，而在于内涵的蕴藉；矜持是一种美德，是一种体贴，更是女人的一种高层次的个人修为。

一个女人其周身所散发的吸引力有时候源于她的矜持。矜持是东方女性特有的一种美，那种欲说还休的媚态，无不惹人心生爱怜。随着社会的发展与开放，很多女性已经将这种特有的韵味和媚态丢掉了，从而失去了一定的吸引力。但对于魅力女人来说，其字典里是断断少不了"矜持"二字的。无论在情场上还是在交际场上，女人的矜持都是一种迷人的气质，能让人产生一种欲罢不能的情愫。

心理学认为，人们通常会对自己得不到的东西产生怜惜之情。当一个女人面对男人看电影或者牵手的要求时，她通常都会表示推辞，其实，这种矜持的表现就是欲擒故纵的重演，目的是让男人在欲罢不能的心理挣扎中对其产生珍惜之情。

英国"骑士派"诗人罗·赫里克在《少女的"不"毫无意义》一文中说过："少女的'不'毫无意义，她们只是害羞，其实，她们所拒绝的正是她们所渴望的。"女人这一点矜持很好地满足了男人的征服欲望，因为女人往往希望自己天生的吸引力得到印证，而男人的主动正好满足了这种虚荣，所以女人为了表现这种虚荣心，通常都会拒绝，实际上这种矜持也正体现了她们内心深处渴望被正视的心理欲求。

紫苑是一个文学博士生，26岁的她还没有谈过恋爱，同事小李对于内涵丰富的紫苑很喜欢，于是在下班的时候总是和她一起走，有的时候还会送紫苑一点吃的东西，两个人一直相处得很好。忽然有一天，下班后的小李从公文包里拿出来精美包装的礼盒送给紫苑，紫苑微笑地说："无功不受禄，况且还没有到特殊的节日，你还是拿回去吧。"

小李一把拉过紫苑的手，急切地对紫苑说："紫苑，我喜欢你，做我的女朋友吧！"紫苑仍然是微笑地说："谢谢你的青睐，你的用意我已经收到了，我会认真地考虑的，至于礼物你还是拿回去吧，以后再送也不迟。"说完微笑着离开了。面对紫苑的背影，小李的内心充满了期待和热情。

由此可见，矜持能让女人散发出一种特殊的魅力，让人在"得到"与"得不到"之间的心理挣扎中产生渴望，进而生发出一种美态来。要成为魅力女人，就一定要在自己的交际字典里添上"矜持"二字，它能让你在瞬间产生一种无可阻挡的吸引力。

不可否认，性格开朗的女孩子必然是令人喜欢的，但是毫无矜持和分寸的玩笑则会让女性的形象降低，一个整天穿梭在男人之中调笑、暧昧不清的女人像极了流落风尘的女子。想象一下，哪个男人敢于接近这样的女人？娶回家能否放心？虽然时代开放了，思想也解放了，但是女人的矜持还是应该保持的。

女人应该自尊自爱，凡事都要有个分寸和尺度，过犹不及。太过于矜持也不行，会让人觉得做作，但是也不要将矜持完全丢掉，女人少了那一分矜持就少了几分韵味，矜持是女人特有的神秘感，就像一层包在女人外表上的面纱，当赤裸裸地完全暴露于人前，对于眼前人来说没有任何的神秘感和兴趣，女人要有矜持，要有高姿态。不要迫切地将自己完全地投入到男人的怀抱中，对于轻易到手的东西，任何人都不会珍惜。

女人的矜持其实还体现在做人的基本原则，作为现在生活中的女性，不应该事事靠男人，以往的男士付款的时代不要拉到自己的身上来用，你的矜持是为自己留一条后路，更是为了尊重别人和尊重自己。矜持是女人魅力的一种展现，能让女人变得更性感，也能体现出女人高深的素养来。

因为矜持的女人不会完全地沦丧，所以才有着待价而沽的资本。聪明的女人深知这样的道理，在没有确定对方之前，一定会保持着自己的矜持，不让对方看扁，也给自己更多选择的机会。矜持的女人才是最有气质魅力的女人，一个随随便便的女人在男人的心中是廉价的，没有任何的珍贵可言，所以女人要气质就要矜持，矜持不应该随着时代的发展而被抛弃，而是应该继续发扬下去。

- **魅力女人修炼法则**

  1. 矜持是一种小心翼翼的自我珍惜，一种不轻易流露的保留。女人如花又似玉，为了保护自己不被粗暴所伤害，需要用矜持来保护自己。

  2. 当"随便"这两个字脱口而出时，也许你的本意是想减少麻烦，却发现常常作茧自缚……做女人就要懂得保护自己，如果你放任自己的行为，稍不留神，就会将自己推入险境中。

气质是女人历久"迷"香的魅力魔咒

女人的美貌是天生的，但是气质却是后天可以经过磨炼和积累获得的。女人的魅力不在年龄，而在于气质，那种气定神闲的微笑，那种宠辱不惊的淡定，那种风过无痕的从容，一派熟女风范，都是有气质的表现，它让女人拥有历久"迷"香的魅力魔咒。当然了，气质女人所经历过的、感悟过的、惊喜过的、忧伤过的，沉淀在心，积存深厚，凝结成幽深的一个眼神、一个嘴角不经意的微笑，这样的魅力，需要时间去练就，它发自内心肺腑，不是轻易就能散发出来的。

62. 30 岁不做"杨柳花"，40 岁不做"豆腐渣"

☆ 一个女人，在绽放的年龄活得不"随便"，在凋谢的年龄活得不"懒散"，就是完美的一生了。

☆ 30 岁不做太过随便的"杨柳花"，年轻时候所有的放纵，都会赶在年老时上门收债的。若干年后，当你被那个叫作"老公"的男人牵在手里的时候，你就会明白：一心一意的爱，有多么的可贵。

☆ 女人在 40 岁以后拼的就是气质，一个女人若没有内在美的支撑，这个年龄阶段的女人真的成了一道不堪入目的风景。为自己 40 岁后做准备，应当是每一个女人必学

女人一生中最重要的两个时期，一个是 30 岁的绽放期，一个是 40 岁的凋谢期。前者是成熟期，魅力四射，风华正茂，充满诱惑。后者是衰落期，青春永逝，芳华不再，沉闷凋败。而魅力女人会顺利且平稳地过好这两个时期，在 30 岁的时期，绝不做随便的"杨柳花"；在 40 岁时，绝不做泄气的"豆腐渣"。

30 岁的女人，似朵艳丽的玫瑰花，透着水润，散发芬芳，处处散发出迷人的气韵，是女人一生最绝美的绽放期。为此，她的周围处处时时都充满着诱惑：男人的花言巧语、金钱的诱惑。在这些面前，如果女人是一朵轻浮的"杨柳花"，就会极容易放纵和迷失自己，从而葬送自己的幸福甚至未来。

"杨柳花"式的轻浮女人，很难控制住自我的欲望，为了能吃到免费的午餐，她们不会在意别人的眼光，更不畏惧后果，随意挥霍自己的青春，只要能满足内心的虚荣，爱情是否会生根发芽她们也无所谓，即便是男人有家有室，还会沉浸其中，乐此不疲。这种幼稚做法的后果是，人到中年的时候，自己流泪自己看，自己伤心自己知。

为此，"不能吃免费的午餐，拒做轻浮的'杨柳花'"应该作为每个 30 岁女人的座右铭。努力在自己最美好的年华，增添自己的智慧，规划自己的人生，努力让自己变得更优秀。这样的女人，就像是一幅历代更迭的"名画"，随着岁月的流逝，让自己不断地增值，以免让自己到 40 岁的时候，沦为毫无内涵和气质的"豆腐渣"女人。

女人 30 岁不做"杨柳花"，主要是告诫女人在绽放的年纪千万不要太过傲气，不要肆意挥霍自己的风情，才能在 40 岁的时候活得"扬眉吐气"。

苏岑说："40 岁的女人，常被人比作豆腐，美丽过了气，只剩下了渣滓。豆腐一般柔嫩的肌肤熬过了青春，变成了豆渣。40岁的女人穿街过巷都不再风情摇曳，她们心里都在想："反正也是隔夜豆腐了，搞不好风情变成笑料！"于是，很多女人一到四十，就开始活得泄气了，放弃了装扮，放弃了自我，放弃了作为一个女人该有的生活姿态。

要知道，尽管岁月是女人的天敌，但是女人真正的美丽往往是经过岁月之刀雕刻过的，只有如此才能生成自己独具的内在气质和修养，才会拥有自信，才会拥有岁月遮盖不住的美丽。那是一种从内到外的统一和谐之美，是岁月无可奈何的美丽。所以，女人在40岁，一定要打起十二分的精神来，精心地装扮自己，修炼自己的内涵，提升自我气质，拒做一个发着酸腐气息的"豆腐渣"女人。

· 魅力女人修炼法则

1. 一位诗人曾说过，爱情是一种纯度，经不起诱惑的人，永远得不到真爱。面对诱惑，女人必须有一颗坚定的心。为了给心爱的男人圣洁的爱，女人必须拒绝一切诱惑，做一个守得住寂寞的人。

2. 女人的魅力和美丽都无关年龄，所以，身为女人，在任何时候，都不要放弃一个女人该有的生活姿态。只有爱美，才能焕发出真正的美丽来。

63. 只做第一个"我"，不做第二个"谁"

☆ 香奈儿说，身为一个女人要想发掘你的魅力潜能，就得先从挖掘自我个性开始。

☆ 这个世界上存在长相雷同的双胞胎，却无法找到两个性格完全一样的人。人们厌倦了眼球里太多的相似，于是个性化年代悄然而至。个性表现魅力，有特殊的个性，才有异常动人的魅力。

☆ 个性魅力是个人整体精神面貌的表现，是一个人的能力、气质、性格及动机、兴趣、理想等多方面的综合表现。女人应真正把握好性格的脉搏，追求性格的美好和谐。

对女人来说，要修炼自己的气质，就要懂得做独一无二的自己，保持自我的真诚、自然、不做作，努力争取"只做第一个'我'，不做第二个'谁'"。

超女李宇春，几乎是在一夜之间成为上万歌迷追捧的对象，她为何会受到欢迎呢？美国《时代》周刊曾给出评价说："李宇春最大的魅力，不是她的歌，也不是她的舞蹈，而是她本色天成的个性：真诚、自然、不做作。"

李宇春的一句口头禅就是"做自己就好"，正是她的这种自然坦率的个性征服了观众。女人的独特性是女人的魅力，也是迷人的气质。所以，做有魅力的气质女人，要就拿出"只做第一个'我'，不做第二个'谁'"的豪气来，努力展现个性，快乐做自己，坦诚、率真，不随意模仿别人，不伪装，不做作。

世界的美丽是因为千万个独一无二的生命，生命是独特的，自己的美也是独一无二的。身为女人，我们完全不用套用他人的模式，展现出属于自己的独特的美，便能焕发出迷人的气质来。

可可·香奈儿，是时尚界赫赫有名的魅力之星，也是时装界让女性都感到骄傲的女人。她的美丽和成功，无不与她坚持做独一无二的自己相关。

可可·香奈儿是在孤儿院长大的孩子，她的一个情人在她21岁的时候，支持她开设了第一家帽子店，从此便拉开她绚丽的故事序幕。当时的可可·香奈儿是个迷人的女性，不仅长相漂亮，而且独立，有事业、有思想，众多男士为她所倾倒，可她从来都是坚持自我，坚持自己的追求，坚持自己的生活目标和自己的理想，从没有因任何一个男人而放纵过自己，成为商界为数不多的"强女人"。

她的坚强和果断体现了她十足的个性，她曾经热恋的伯爵另有新欢，而且准备结婚。在伯爵结婚的当天，可可·香奈儿平静地说："世上有很多伯爵夫人，可可·香奈儿却只有一个。"她用伯爵送她的钻石及伯爵带给她的上流社会关系，开拓她自己的时尚事业，最终取得成功。

由此可见，女人的风采源于其独特个性，正如香奈儿所说，可可·香奈儿只有一个，十足的个性成就了独一无二的她，也成就了她独特的气质和魅力。所以，要做魅力女性，就要坚持"只做第一个'我'，不做第二个'谁'"，努力做自己。

心理学家认为，女性的感情胜过理智，对待友情、事业、婚姻皆是如此，所以，多数女人都容易人云亦云，很难坚持自己的个性，这是阻碍女人发展的致命弱点。也因为如此，社会上那些能坚持自我，坚持做自己的女性极为难得，也让男人在敬慕的同时，心生爱怜。

一位在深圳的打工妹，在其他打工仔、打工妹纷纷陷入都市的浮躁与繁华之中迷失自己的时候，她依然保持着清纯的农家女本色。在她的宿舍里，其他女孩几乎都交上了男朋友，只有她尚是"单身贵族"。

有人问她原因，她说，我不会喜欢深圳的男人，因为我的根不在这里。我出来只是想挣点儿钱，一些寄给家里，一些留着给自己置办嫁妆。我今后当然要找男朋友，但我会回家找个本分的男人，像我的这些姐妹，有的不甘心在流水线上做蓝领，绞尽脑汁去通过嫁人改变命运，这样能永远幸福吗？而我则只想靠自己努力工作挣钱，然后回家过上平静的日子……

无疑，这种能时刻站在现实的根基上清醒审视自己的有主见的女人，不失为男人眼中可爱的女人。

不可否认，女人要保持持久的个性魅力，就要勇于保持自我本色，做独一无二的自己。世界上的每个人都是独一无二的，女人想要生活得

快乐幸福，最为重要的就是要保持自我本色，无须依照别人的眼光和标准来评判或者约束自己。正如一位哲人所说，以自己的本色活着是对生命的最大尊重，这既是一种追求，亦是一种生命的美好姿态。所以，女人要懂得自己才是自己的主人，为自己而活，自尊、自强、自爱，这样的生活才有价值，这样的女人身上也才会散发出迷人的芬芳。

> **· 魅力女人修炼法则**
>
> 一位哲人说：人生最大的悲剧就是虽然你拥有了一个完全属于你的生命，但你却不敢把真实的自己完全表现出来，并因此而深深地痛苦着。每个女人都是独立的个体，正因如此，世界才会如此丰富美丽。身为女人，不要轻易改变自我特色去取悦他人，而是要保持自我的本能，不轻易去模仿他人。比如，你要知道什么样的化妆、发型、衣服最适合自己。不轻易像奴隶似的跟着时尚走，只要求看上去像自己。这样的女人，才能经得起岁月的打磨，才能在任何时候都散发出迷人的自我魅力。

64. 春风不解风情，但男人最爱"风情女"

☆ 春风不解风情，是因为春风感受不到人的神韵之美，但是在现实生活中，男人最爱的就是"风情女"。

☆ 有些女孩子不了解怎么做才是一个有风情的女子，于是，她们便生硬地扭屁股、抛媚眼，其实这都是"肉搏战"。女人一旦沉迷于肉搏的操练，立刻就落了下风，将风情变成了风骚。

女人要提升自我气质，也就是要恰当地绽露自我的风情。风情是什么？有人说是美丽。其实不然，美丽的女人不一定有风情，没有风情的美丽，只是一副生硬的水墨画，没有任何色彩。简单地说，风情也就是魅力。歌中唱道："春风不解风情，吹动少年的心。"但对于男人来说，其最爱的就是"风情女"了。有风情的女人，其美是从骨子里面散发出来的，那种性感的韵味，能让男人感之即醉、欲罢不能。

看过徐克的电影《青蛇》的人都会对青、白二人记忆深刻，青蛇和白蛇两姐妹一起去盗仙草，白蛇先行离去，青蛇留下抵御法海。二人达成协议，由小青去试探法海的定力，结果……可想而知，这样一个千娇百媚的尤物，眼神勾魂摄魄，身姿婀娜多姿，法海如何招架得住。

影片中，青蛇一角由张曼玉扮演，很难说这部电影到底是青蛇成就了张曼玉还是张曼玉成就了青蛇。但有一点毋庸置疑，张曼玉是令人绕不过去的风情女人的标杆。在第57届戛纳电影节上，张曼玉荣获"最佳女演员"奖。当她走向领奖台的时候，每一个在场的人和电视机前的观众，都为她经过岁月沉淀后显示出来的修养、气度和魅力而折服，那其中不乏风情的韵味。

如果仔细审视，你就会发现，张曼玉的美是从骨子里散发出来的，尤其是那双勾魂摄魄的"风情眼"，着实让人迷恋不已。

可以说，风情是女人特有的一种气质，那种从灵魂里散发出来的美丽和性感，不是光靠娇俏的五官和性感的曲线就能做到。那种让所有人惊叹的美，偶尔惊鸿一现，随即就扬起一片旖旎。

西方有一句谚语说：所谓美女，是由时光雕刻成的。它实际上要告诉人们的就是风情是女人有力的武器。经过岁月的打磨，女人在嬉笑怒骂间那股令人黯然销魂的媚态，是男人所无法抵挡的。在工作中，有风情的女人能驾轻就熟、爽快利落；在压力面前，风情女会从容不迫，云淡风轻；在情人面前，风情女只要轻拈一下兰花指，就足以让男人为之癫狂。

有的女孩子以为风情就是水性杨花，那可真是天大的误会。女人的风情是自我体现出来的一种气质，是一种张扬的性格，这种风情与男人无关！风情万种的女人也有痴情的一面，和"水性杨花"是绝对不同的！

女人要懂得，展露你的风情，并不是要你卖弄风情，它不需要蹩脚的表演。有风情的女人，只要静静地坐在那里，她的笑容、眼神、动作就像一朵怒放的花，散发出诱惑，令男人们有无穷尽的遐想和向往。对于身旁的男人举止矜持有节，对自己倾心之人，娇媚、妖娆、动人甚至淘气，举手投足处处散发出诱人的韵味。男人们也喜欢这样的"风情"女人，但是尊重她，对她示爱有度，真心诚意。

> **· 魅力女人修炼法则**
>
> 在生活中，女人可以扮演多种身份。每一种身份，都可对应风情的浓度。当她成为恋人时，她可以有西施般的风情；当她成为妻子时，她便有娇妻般的情怀；当她成为母亲时，她的风情就比较成熟，更具有慈母情怀；当她徐娘半老时，她虽然风韵犹存，但毕竟经历了太多的人生沧桑，风情也就变得醇厚、浓重，充满质感。

65. 淡然从容，做一株清香四溢的"幽兰"

☆ 做一个淡然的女子，不浮不躁，不争不抢，不去计较浮华之事，不是不追求，只是不去强求。淡然地过着自己的生活，不要轰轰烈烈，只求安安心心。

☆ 内心淡然从容的女子，懂得真正的幸福和快乐不是风花雪月，不是激情四射，不是烟花绽放。她们要一份默然的情感，无声却有着深厚的穿透力！无须感情的承诺，只需要专注的眼神；不需要火红的玫瑰，只需要一杯淡淡的清茶。淡定的女人深知，女人的幸福不在奢华，而在于简单平凡。

一个有气质的女人，一定是淡然从容的，她娴静安然，不争不抢，似一株随时能散发清香的"幽兰"，惹人怜爱。她们对待生活，从来都不急不躁，无论心情如何，都会将自己收拾得干净得体，并随时面带微笑地投入生活。

她们对待爱情，会全心全意，认真体味其中的美好滋味。当爱情远去或缘分未到时，她们也会安然地生活，做好自己该做的，努力为自己营造一个温馨的小世界，在生活中体味快乐和幸福的味道。淡然从容的女人最能耐得住寂寞，她们内心是丰富而乐观的，无论外界环境如何，都能将生活过得有滋有味。总之，她们不会将自己置于落魄的境地，在任何时候，她们都足以让自己优雅地行走。

刘洁出身于农民之家，后来经过自己不断努力，终于成为一个白领。不过，她一直没有找对象结婚，当别人问她是否感到寂寞，她总是说："找爱人要宁缺毋滥！不能为了摆脱寂寞就随便找个人嫁了。再说，一个人也过得很幸福、很精彩啊！"

其实，刘洁一个人的生活的确过得很精彩、很幸福。她每天吃完饭之后，总是会一个人到楼下散步。那时，已经是晚上9点，路上的车辆很少，相比喧嚣的闹市区，这个远离市中心的小区，算得上是个安静的处所。刘洁很喜欢这里，她觉得，这个小区就像自己一样，表面孤独却内心丰富，看似平淡却蕴含快乐。

刘洁在散步时，总会仰望天空，看着那闪烁的星星，还有几家亮着灯的屋子，听着孩子们的欢笑声、打闹声。走进小区的花园里，她更是来到了一个人的世界。这里人很少，她总会慢慢地踱着方步，感受着轻柔的凉风，耳边偶尔能听到蟋蟀的鸣叫声。

这些细小的声音，让刘洁的心中流过了一阵暖意，小时候的画面一幅幅地展现在了眼前。寂静、清风、蟋蟀的鸣叫声，熟悉的环境，经常会勾起她对故乡无限的思念。她经常会想到慈祥的双亲。于是，便会不由得哼起来自家乡的歌曲……每当唱到忘情之处，还会手舞足蹈起来。黑黑的夜，清凉的风，淡然的自己，刘洁忽然有种超然脱俗的感觉。

每次远方的父母给刘洁打电话时，她总是笑着说："我现在衣食住行充足，心情愉快，身体健康。从我的角度来讲，这些我现在都有，所以我活得很潇洒，也很开心。一个人的生活，我觉得幸福，你们都不必为我担心！"

淡然从容的女子明白，长得漂亮固然是优势，但活得漂亮才是本事。要活得漂亮就要善待自己，相信自己，让自己的生活精彩纷呈，就如刘洁一样，一个人的时候，同样可以将生活过得有滋有味。

淡然从容的女子，懂得用空闲的时间去丰富自己的内涵，她们不一定琴棋书画样样精通，但是她们却爱读书，懂得时时丰富自己的内心。生活中，她们不会像"宅女"一般窝在一个角落，而是会去体验生活，丰富自己的人生。

工作中，淡然的女人总能够认真投入，尽量做到最好，对上不会唯唯诺诺，对下也不会挑剔万分，她们会视荣誉为过眼云烟，冷眼旁观钩心斗角。

在生活中，淡然的女人高雅且极具涵养，不为金钱物质而盲目，不为奢华而轻易地搁置自己的一生。她们懂得真爱才是幸福的港湾，即使裸婚，小家的幸福也能将温馨与爱的气息聚拢。她们在无人知道自己的付出时，不去表白；在无人懂得自己的价值时，不去炫耀。在没有人理解自己的志趣时，活着自己——活着自己的执着，活着自己的单纯，活着别人读不懂的痴醉，活着自己美丽的梦想，这是人性中最美的姿态之一。

> **· 魅力女人修炼法则**
>
> 1. 淡然的女子，从不苛求自己，也不苛求朋友。她们勇于做自己，别人欣赏也好，有所非议也罢，只要坚定地走好自己的路，只要相信自己，便已足够。对于朋友，多了自然是好，若实在合不来，便会随缘。
>
> 2. 淡然从容的女子，对于该得到的，就会付出努力去抓，不该得到的，想也不会去想。她们有自己的喜好，有自己的生活原则和信仰，从来不急功近利，不浮夸轻薄，在任何时候都宠辱不惊。她们会大笑，也会打闹，但却能心静如水。

66. 女人不"容"，只会丧失"悦己者"

☆ 梁晓声说："女人要活得有理智，用三分之一的心思去爱一个自己值得爱的男人，用三分之一的心思去爱世界和生活本身，用三分之一的心思去爱自己。"女人爱自己，最为重要的一点，就是懂得装扮自己。

☆ 外貌再漂亮的女人，不打扮，不化妆，像个欧巴桑一样，也只不过是一块没有雕琢的璞玉，终究是无法光彩照人的。你要相信，没有男人会喜欢不爱打扮的女人。男人都是爱面子的，谁不希望自己的女朋友光彩照人呢？

任何时候，女人的气质修炼都离不开外表。古人说，女为悦己者容。就是说，古代的女人为了喜欢自己的男人，总是把自己打扮得漂漂亮亮的。而在现代社会，如果你不"容"，就注定会丧失"悦己者"。

曾有一位女子在网上发了一个征婚的帖子，用的是一张很随意的生活照，结果却没有几个人来回应。后来，女孩子又重新发帖，用的照片是做过造型的艺术照，结果，帖子发出去不到 10 分钟，就有无数人来咨询。这里并不是说男人都很肤浅，而是说爱美之心，人人有之，追求美并没有错。由此可见，一个不懂得装扮自己的女人，是很难得到男子的青睐的。

陆琪说："不打扮的女孩是有'罪'的，不打扮的女孩对不起自己的青春。"如果你的扮靓功力像那些活跃在一线的明星艺人那样，那一定会是一位魅力十足的女性。

那些外表邋遢的女子一定会吓跑男人，但是身为女人，仅仅做到不邋遢是远远不够的，如果你的外形过于土气，可能也很难引起男人的注意。要想吸引好男人的眼球，你必须在外形上做到活色生香、秀色

可餐。

靳羽西说，没有不漂亮的女人，只有不懂得打扮自己的女人。一个外形漂亮的女人能够为修炼气质锦上添花。有位化妆师说："化妆的最高境界可以用两个字形容，就是'自然'，最高明的化妆术，是经过非常考究的化妆，让大家看起来好像没有化妆一样，并且这妆与主人的身份匹配，能自然表现那个人的个性与气质。"化妆的手段是为了让精细的脸更加的细致，让原本不美丽的五官更加好看，这就是化妆的作用。

在这里，我说女孩子要学会装扮，并不是让你不顾自身经济状况盲目地追求昂贵的品牌，而是要干干净净、整整齐齐、大大方方。所以，女人每天要仪态优美、仪表端庄，将自己装扮得优雅从容再出门。得体的装扮让女人美丽，美丽能增强女人的自信，自信能塑造女人的气质，气质能让女人更有魅力。所以，女人为自己的美丽和自信做一些投资，是必须的。

当然，这里也要提醒一下，女人在装扮上千万不要走极端——过于时髦：头发染得五颜六色，身上的衣着奇形怪状，假睫毛可以刺死人，穿荷叶边泡泡裙，装流行可爱教主，或身上有 N 处刺青和穿环。这样的女孩子一般也只有同类姐妹互相欣赏。

> **· 魅力女人修炼法则**
>
> 世界上没有丑女人，只有懒女人，也许上帝没有给你漂亮的脸蛋，魔鬼般的身材，但是上帝也没有给你任意糟蹋自己的权利，女人要学会掌管好自己的"门面功夫"，尤其是自己的脸。一个简易的妆容不但可以改变你的外观年龄，还能起到焕发青春的作用。女人只有学会如何打扮自己，才能为自己带来好运。化妆不单单是给别人看的，还能让自己也拥有一份好心情。

67. 精致女人就是要既"精美"又"细致"

☆ 说白了，精致，是一种生活态度，是一种生活方式。它可以让女孩子像赵雅芝一般，更优雅、更迷人。

精致是做女人的一种极致美，这样的女人外观是精美的，生活又是细致的，讲究品位的。精致的女人很容易在恋爱中占尽优势，因为她们总能够展现自己的优势，让自己充满魅力，让男人情不自禁地爱上她。所以，无论你是否漂亮，一定要做一个精致的女人。

有的女孩子长相普通，但是却常常将自己打扮得很清爽，给人一种舒服的感觉，让人忍不住动心。而有的女孩长相不错，身材也好，但总是看上去缺乏亮点，没什么风采。如果这两种女孩子一起站到帅哥面前，他会选择谁做他的恋爱对象呢？毫无疑问，是前者！这样的女孩子算得上是个"精致女"！

精致女人，要装扮上讲究精美，在生活中讲究细致。她们衣橱里的衣服可以很少，也可以不是什么名牌，但一定有很好的质地，是适合自己风格的。她们不追逐时尚，但一定会有自己的特色。这样，才会很舒服——你穿着舒服，别人看着也舒服。

在生活中，精致的女人一定是独立的，她们会依赖别人，但却不会依靠他们。对于她们来说，漂亮是一件好事，但从来不会将它当作炫耀自己的资本。她们会好好地爱自己，让自己的生活变得精彩十足，哪怕是一个人。

精致的女子在面对心仪的男子时，会温柔地对待他，她也会偶尔耍一下小脾气，但不会总是无理取闹，任性至极。她们懂得，男人的宽容

也不是无限的，他受不了了就会离开自己的。

精致的女孩很谦虚，面对自己的过错，她们会诚心地低下头认错，说"对不起"。这体现了她们的涵养。精致的女子，从来不会轻易说爱，如果身边的"白马王子"迟迟不出现，她们也不会叹息。她们知道，自己的生命中一定会有一个王子正骑着白马向自己奔来。为此，她们总是信心满满，满怀期待地等待幸福的到来。她们从来不会因为寂寞而随便找个人在一起，那是对自己的不负责任，最终也会付出惨重的代价。

精致的女人知道该做什么，懂得自己该往哪个方向努力，她们不会把大把大把的时间用来看肥皂剧和逛商场。她们懂得，每个男子都喜欢努力的女孩子，知识会让她们变得更自信更优雅。

· 魅力女人修炼法则

1. 对女人来说，学会精致是一种高深的学问，是随着年华老去，依然刻骨铭心的"格"与"调"。精致的女子，怎么看，都不会厌倦；怎么听，都不会腻烦；怎么想象，依然清新。

2. 精致女人是个好女儿、好妻子、好母亲，是姐妹的知心，是异性的知己。她们懂得收放，懂得进退，是那种有自信，有内涵，有宽容的胸怀，有敏锐的目光，有健康的身心，浑身上下都充满活力的女人。

68. 声音是气质女人"裸露的灵魂"

☆ 心理学家认为，声音决定了你 38％的第一印象。当人们看不到你时，音质、音调、语速的变化与表达能力直接决定你说话可信度的 85％。声音是女人自然天成的乐器，是穿越男人灵魂的旋律，你的声音美与不美，就看你如何把握和驾驭。

☆ 与一个口才出色的女人交谈简直就是一种艺术的享受。她们说话时，抑扬顿挫，引人入胜，就像一个出色的钢琴家，能将语言的节奏当作钢琴键而随意地拨弄，弹奏出一曲动人心弦的"高山流水"。

声音主要由人体的器官发出，反映了人体的各种状态，如情绪、情感、年龄、健康状态、喜好等。身为女性，在众人中，如果你有清脆圆润的声音，无论走到哪里，只要一开口说话，所有的人都会洗耳恭听。因为他们无法抗拒如此富有魅力的声音。那种真诚、爽朗、充满生命活力的声音就像从干裂的地面喷出的一股清泉，就像从静寂的山谷中涌出的一道急流，在每个人的心头涓涓流淌，恰似生命中最美妙的音乐。即便这位女士的相貌普通，甚至有些丑陋，但她的声音魅力却是无法阻挡的，启唇奏曲，从某个层面上反映了她迷人的个性。

社会心理专家认为，"声音是女人裸露的灵魂"，它能透露出女人心灵的世界。声音是身体中最美妙的旋律，它自然天成，能让女性保持持久的魅力，而且可以在后天的努力之下越来越美。很多女人懂得打扮，懂得穿衣，懂得使用香水，懂得学习礼仪，但却不懂得善用和修饰自己的声音。

可以说，拥有优美的声音可以为其语言增加感染力和吸引力，增添女性的气质。当然，女性的声音可以通过"包装"变得优美动听。

一位漂亮优雅的空中小姐参加一项选美大赛，竞赛时的评分标准要求的不仅是身段姿态，还包括竞争者的谈吐。可是，这位小姐不仅习惯于喃喃低语，而且常常对别人的提问感到不知所措，她说出的话，听起来就像猫儿趴在后院篱笆上浅唱低吟一般，让人不知所云。

后来，她经过了几个课时的艰苦培训，说话的音调上升了四个音阶，而且发出了与她漂亮外形相匹配的圆润音色，最终她获得了比赛的亚军，不仅由于她本身所具有的古典美，还因为她的声音。

声音的确可以为形象加分。但是，有人会问：如何训练优美的声音呢？一般来说，可以从以下几点进行调节。

1. 注意自己说话的语调。

语调最能够反映出你说话的内心情感，表露你的态度。当你高兴、生气、愤怒、惊愕、怀疑、激动时，你的语调是完全不同的。从你的语调中，可以让人感受到你是一个令人信服、幽默、可亲可近的人，还是一个呆板保守、具有挑衅性、好阿谀奉承或阴险狡猾的人。所以，在与不同的人说话时，我们一定要根据不同的对象、不同的场景，采用最恰当的说话语调，以准确地表达出你对某一个话题的态度。

2. 注意你的发音。

我们说出的每一个词、每一句话都是由一个最为基本的语音单位组成的，然后加上适当的重音和语调，正确而恰当地发音，十分有助于你准确地表达出自己的思想，让你心想事成，也是提升你的言辞智商的一个重要方面。只有清晰地发出每一个音节，才能清楚地表达出自己的思想，自信地面对你的谈话对象。

3. 把握声音色彩与感情色彩。

你的声音色彩是内心感情色彩的体现。当人的心情愉快时，声音是明朗的，而抑郁不欢时，声音就显得黯淡。若没有这种对应关系，就不可能用声音传递感情信息，更无法引起对方感情上的共鸣。但是在运用声音色彩进行表达时，却不能采用简单的"对号入座"的办法，即见喜用喜声，见怒用怒声。这是因为，内在的感情是外在声音色彩的支撑，失去了这种支撑，声音便失去了活力，成了空洞僵滞的东西。

4. 控制说话的音量。

内心紧张时发出的声音往往又尖又高，而内心平静时，发出的声音则抑扬顿挫。所以，我们要表达丰富的内容，一定要注意保持内心的平静，尽量控制说话的音量。

女人需要明白的是，语言的威慑力与影响力与音量的大小是两码事，不要以为大喊大叫就一定能说服和压制他人。声音过大只能够迫使他人不愿意听你讲话而讨厌你说话的声音。与音调一样，我们每个人说话的声音大小也有其范围，试着发出各种音量的声音，并仔细地聆听，一定能找出最为合适的声音。

5. 充满热情与活力。

生机勃勃的声音给人以充满活力与生命之感。当你向某人传递信息、劝说他人时，这一点有着重大的影响力。当你讲话时，你的情绪、表情如果与你说话的内容一样，会带动和感染你的听众。

从以上几点出发，在平时进行适当的训练，一定可以发出动听、优美的声音，为你的语言加分。

- **魅力女人修炼法则**

  1. 声音是语言的"外衣"，它决定着语言的外在漂亮程度。
  2. 提升你的语音，重塑你声音的魅力。

Part3　装扮美丽：
让"漂亮"永恒定格

　　大多数的女人是没有沉鱼落雁之貌的。外在的东西是父母给的，谁都没有办法改变。但作为女人，外在美却是日常生活中很重要的一个问题。无论外貌怎样，女人一定要爱美，爱美才能使你活得更像女人，爱美才能使自己平凡的面孔生出一些不平凡来。要知道，很多时候，女人的美丽完全是可以"妆"出来的。一个不懂得装扮自己的女人是不懂得爱惜自己的女人。化妆虽然不能从根本上改变一个女人，但它却可以改变一个女人外在的形象。对女人来说，"形象"是永远不可忽视的一种"资本"，它是增加女人身份的重要砝码。所以，从现在开始，就学着装扮自己的美丽吧，让"漂亮"在你身上永恒定格。

得体的妆容：既要"赏心"，更要"悦目"

爱美的魅力女人绝不会是个懒人。世上没有丑女人，只有懒女人。女人美丽的容颜完全是可以通过"妆"出来的。化妆是上天给女人改变自己的魔法，不化妆或者不爱化妆的女人是缺乏女人味的，这样的女人注定是与魅力无缘的。如果你没有天生丽质的容颜，不要紧，从现在开始，精心装扮你的美丽吧！

69. 用你的"第一眼美丽"，锁紧人的眼球

☆ 于丹说："人都有以第一印象定好坏的习惯，认为一个人好时，就会爱屋及乌，认为一个人不好时，就会全盘否认。"

☆ 苏岑说："无论男人还是女人，寻找美丽，是一种惯性。"生活中，那些在美貌面前保持理智，并口口声声宣称"漂亮的外貌并不重要，内在美才是真正的美"的人，当美丽真正降临眼前，其之前的理智全部都会被打得落花流水。

☆ 面对美丽，人心总是卑微的。那些被漂亮异性折磨得遍体鳞伤的男人或女人，不见得他们没有足够成熟的心智，仅仅是因为，他们没有那种敢于藐视美丽的自信与自傲！

相信每个女人都有过这样的体验：在社交或公共场合中，总会有那

么一两个女性特别显眼，她们未必面如娇花，但她们站立在人群中，却显得与众不同。人们的目光总会被一两个美丽的"焦点"锁住，她们不一定是最年轻漂亮的，也未必是穿着最华贵的，但她们的魅力却能够折服所有人。

或许，你到现在依然不明白，为什么她们可以成为闪亮的美女，而你却默默无闻很少有人关注。甚至，你还会抱怨自己不是天生丽质，渴望祛除身上各种各样的瑕疵。但你知道吗，其实问题并不在这里，这个世界上没有完美的人，她们能够在魅力的角逐中胜出，是因为她们赢在了起跑线，即懂得将自己装扮得足够赏心悦目，让人在看她的第一眼时，就能用美丽紧紧地将人们的目光锁在自己身上。

英国女王在一封给威尔士王子的信中写道："穿着显示人的外表，人们在判定人的心态，以及形成对这个人的观感时，通常都凭他的外表，而且常常这样判定，因为外表是看得见的，而其他则看不见，基于这一点，穿着特别重要……"

女王的话并不夸张。对于那些并不认识你的人而言，他们几乎都是从注意你的外表开始，再由此对你进行判断。这样做难免会有偏差，但却实实在在地告诉我们，女人的形象价值百万。一个女人不管是高矮胖瘦，只要打扮得体，外表形象美好，那么在初见的第一眼就会给人留下深刻而良好的美丽印象。

生活中，几乎女人都曾接受过这样的教育："不要太追求外表的美丽，要努力做个有内在美的人。"以貌取人，一直以来都被视为肤浅、庸俗的行为。然而，在这个充满竞争力的时代，我们不得不承认，对女人的第一印象都与外貌脱不了干系。

丽莎小姐，经济学硕士，看上去还算是个漂亮的女人。很可惜，直到目前为止，还没有一个男人爱上她。她给人的感觉很随便，甚至是邋遢的，有时候穿着两只深浅不一的袜子就出门了。至于形象就更别提了。她总是随手乱扔东西，你看到她的时候往往她都是在找东西，"看

到我的钥匙了吗？我的手机哪儿去了？快，帮我找找！"

工作上，丽莎十分擅长分析股票，可是面对这个"潦草"的女人，很少人愿意与她长久交谈下去。所以，她至今升职无望，眼看着那个曾经是自己同事的女孩，跳到了比自己高一级的职位。在爱情上，不夸张地说，很多男人在看到她的第一眼就没有再与她见面的欲望了。有个曾与丽莎相过亲的男人说："不能娶她做妻子，否则我的生活就布满灰尘，暗无天日了。"

当第一印象在别人的脑海中成形后，日后要付出极大的努力才有可能转变。像丽莎这样的女人，就算她突然有一天意识到了这些，不断地提升自己的外在，谁也不敢说她一定可以改变自己当初在别人心中留下的"定格"。

在很多回忆录中，我们都会读到类似的话"她还是老样子，和我第一次见到她的时候一样……"很奇怪是不是？一个人几年、十几年怎么可能一成不变呢？其实，不是对方依然如故，只是作者对那个人的第一印象太深刻了，没有随着时间的流逝而改变。

由此可见，你能够改变自我的着装，改变自己的妆容，但留给对方的第一印象，却像是持久挥不去的味道，弥漫在周身。为此，要做魅力女人，让人在初识你的第一眼，就牢牢地将"你"印在心中，那就从装扮美丽的自我形象开始吧！

> **· 魅力女人修炼法则**
>
> 化妆可以让一个女人看上去更加的精致美丽，但是化妆也会变成一个女人的灾难。如果你把自己打扮成"京剧脸谱"，那么无疑，化妆对你来说就是自打耳光，对于你周围的观赏者来说就是一场视觉上的灾难。著名化妆师靳羽西说过："女人补妆就像战士打保卫战，一个不留心就会功亏一篑。"的确是这样，如果一个女人不会补妆或者补妆不当，那么这个女人在此之前化再好的妆也是无济于事的，可以很客观地说还不如不化妆比较好。

70. 别把脸蛋全权"托付"给化妆品

☆ 唯有气血充足的女人，才能拥有真正的美。那些面色苍白的"白面"美人，即便是胭脂粉底涂得再厚，其脸蛋也只会像"新纳的鞋底"般，败笔连连。

☆ 不规律的生活和饮食，日益沉重的心理压力，让现代女人的美丽越来越干枯！于是，便有了"化完妆是仙，卸完妆是鬼"的说法。而真正的气质美女，从来不是化妆品的奴隶，她们"经老"的全部秘诀便是养气血。

一直以来，多数女人都坚信：琳琅满目的化妆品是女人永葆美丽的最佳"法宝"。不管你生得怎样的一副脸蛋，只要名牌粉底一扫，什么雀斑、皱纹、黑痣等缺陷统统都可以被遮得严严实实。不错，高明的化妆术和名牌粉底的确是可以遮盖你脸蛋的不足，但是，女人真正的美丽并不是仅靠高明的化妆术和名牌化妆品就能成就的，充足的气血、饱满的精神，都是女人塑造漂亮脸蛋不可或缺的内在元素。那些气血不足的"黄"面女人或"白"面女人，即便是妆容再精致，也谈不上拥有美丽。

不可否认，红润的脸颊和饱满的嘴唇在现代女人身上越来越少见，更多的女人就把脸蛋全权"托付"给化妆品，从底层面霜到粉底，厚厚的一层挂在脸上，就像"新纳的鞋底"一般，煞人的白；就像戏台上的白面书生，毫无美感可言。事实上，女人真正的美是靠气血撑起来的，气血是女人获取美丽最重要的动力，缺了它，任何美丽都将会打折。

在广州举行的一个美容大奖颁奖典礼上，一位来自重庆的姑娘夏丽获年度最佳肤质奖。与其他参赛者相比，36岁的夏丽并不算年轻，但是充足的气血，让她的皮肤吹弹可破，晶莹剔透。当晚，她穿一袭黑色的礼服亮相，更是将她绝好的肌肤衬托得白嫩细致。

夏丽一直秉承着"你对肌肤好，肌肤也会对你好"的格言，并认为她的"丝绸肌肤"主要是来自良好的生活习惯和饮食习惯，这些让她的肌肤拥有了充足的气血，即便不化妆，也能拥有青春无敌的容颜。

她认为，一张真正漂亮的脸蛋，与充足的气血是分不开的，它胜过任何名贵的化妆品。当然，要拥有充足的气血，最重要的是不熬夜，并保持良好的生活习惯。她表示："在任何时候，我都会保证自己睡够8个小时以上。而且我还十分重视睡眠的质量。在睡觉前，我会放些舒缓的音乐，并点上香薰精油，放松心情愉快地入睡。"

生活中，多数女人花容失色，其根源就是气血失调。为此，调养气血，是女人拥有美丽的首要任务。唯有气血充盈的女人才能拥有真正的美丽和不老的青春。

要知道，女人真正的美丽都是由内而外氤氲散发的，举手投足间便能传递美丽的气息。而这一切则全赖气血的支撑，正如《黄帝内经》所言："人之所有者，血与气耳。"只有养好气血，才能精力充沛、容光焕发、肌肤光泽、充满自信，成为让人百看不厌的美女。

气血充足的女人，皮肤白里透着红润，并且还富有光泽、弹性，无皱纹、无斑，即便素面朝天，也洋溢着迷人的气质。反之，气血不足的女人，会皮肤粗糙，没光泽，发暗、发黄、发白、发青、发红、长斑等，即便涂化再名贵的化妆品，其枯萎的精神面貌也显示不出任何气质来。所以，要修炼魅力女人，拥有靓丽的容颜，就别把脸蛋全权托付给化妆品，而是先从补气血开始吧。

当然，女人要补气血，除了要保持充足的睡眠外，还要从以下几方面做起。

1. 每日泡一次脚。如果在早上，那么时间是20分钟；如果在晚上，最好时间控制在1小时，用40℃以上的热水加几滴醋泡脚，可以起到健身安神之效。最好是能够做一些足底按摩，让身体各个器官都能得到充分的休息和保养。

2. 保持良好的心态，是女人保持年轻的秘诀。愉快的情绪使人心理处于怡然自得状态，有益于人体各种激素的正常分泌，有利于调节脑细胞的兴奋和血液循环，有助于女人保持年轻的皮肤。生气则会导致呼吸不畅，第一个受影响的就是肝脏，肝脏是人体血运输的主要器官，如果肝气郁结，那么女人的脸上就会生出色斑。

3. 通过运动养红颜纠虚，是值得提倡的积极措施。如果没有充足的时间上健身房，你可以在家里做这样的动作：两手掌对搓至手心热后，分别放至腰部，手掌向皮肤，上下按摩腰部，至有热感为止。可早晚各一遍，每遍约 200 次，此运动可补肾纳气。

4. 可以用食用调理。你如果没有典型病理症状，可以首先选择喝鸡汤补气；或者用党参或黄芪 15 克，煎水补气。当归则有补血的功效，适用于血虚的人群。除饮食外，还要减缓生活压力。

> **· 魅力女人修炼法则**
>
> 如果把人体比作生长的植物的话，气就是阳光，血就是雨露，二者共同作用于人体，使其茁壮成长。这一点，不仅对整个人体如此，对每一个脏腑也是如此。气和血可以在人体的一些细节中表现出来，只要分辨出这些小细节，就能认清各个脏腑气血的运行状态，不仅可以预知疾病，还能让女人及时补救以保持美丽的容颜。

71. "面子"很重要，练好你的"门面功夫"

☆ 美丽是所有女人的"资本"，每个女人都该为了这个目标不断地努力，再努力！

☆ 几乎女人都曾接受过这样的教育："不要太追求外表美，要努力做个有内在美的人。"以貌取人，一直以来都被视为肤浅、庸俗的行为。然而，在这个充满竞争力的时代，我们不得不承认，女人的第一印象都与其外在的"面子"脱不了干系。

身为女人，要装扮美丽，首先就要练好自己的"门面功夫"，它能提升你的气质，增强你的魅力，让你成为秀色可餐的粉红佳人。

一个精致的妆容，一般可分为以下的步骤。

1. 妆前乳。

工具：粉底刷、海绵。

注意：你的底妆绝对不可以太厚，裸妆画得好坏关键在于是否透薄。

方法：首先一定要使用保湿妆前乳滋润肌肤，让肌肤的纹理更为细致润滑，选择带有提亮肤色功能的妆前乳为最佳，不仅仅可以遮住那些暗沉的肌肤，同时还能够使肤色亮丽。化妆的时候选用粉底刷或者将妆前乳、粉底液在海绵上涂抹，这样可以处理得更加均匀。人的手指中，数无名指力道最小，所以化妆中多采用无名指，无名指也叫"化妆指"。在眼睛的周围、脸颊、鼻梁、下巴等各个部位，用手指（无名指）的指肚轻轻地将妆前乳或者粉底匀开至整张脸。

2. BB霜和眼霜。

工具：粉底刷、海绵、遮瑕笔。

注意：BB霜要选择水润的。

方法：由于熬夜或者其他原因，女人的眼角周围都会有黑眼圈出现，或者有的女性还出现了脂肪粒一样的痘疤，这个时候，需要用遮瑕笔在眼睛的周围做掩盖工作。选择BB霜的原因是遮盖力比较强。遮瑕笔用完之后，为了让眼部周围看上去更加自然，可以选择用粉底刷或者手慢慢地将不均匀或者不自然的地方慢慢地推开。

一般女性都是采用橘色的遮瑕膏来遮盖黑眼圈，而把蜜粉刷在脸上，对于黑眼圈比较重的女人，建议遮盖黑眼圈的遮瑕膏要调和一下肌肤和黑眼圈的色差，否则得不偿失。

3. 眉毛。

工具：棕色或者黑色的眉笔各一支、剪刀、修眉刀、眉刷。

注意：裸妆因为眼妆不突出，所以，眉毛可描画得浓一点。

方法：首先，画眉的时候先用剪刀修整一下较长的眉毛，然后使用修眉刀把多余的杂毛修掉，接着用眉笔将眉头描绘出来，这样会让妆容看起来干净清爽。要确定眉形的时候，从眉毛 3/1 的地方或者是眉毛弯曲的地方开始画起，这样慢慢向前推，这样画出的眉形会很自然。定型之后，用眉刷将眉形刷匀，这样会让眉毛看起来自然完美。

企业生存管理专家郑伟建博士说："眉毛，最能显示女人的性格。"每个人的眉毛都有所不同，有的人眉毛浓密，有的人则稀疏，画眉要根据具体的情况具体分析。

4. 眼睛。

工具：假睫毛、眼线笔、眼线液、眼影、睫毛膏、睫毛夹、眼影刷、眼线膏。

注意：下眼线也很重要，没有画下眼线会让女人看起来很不协调。

方法：在画眼线的时候，先用黑色的眼线笔从眼头开始画，画上眼线的时候尽量往里化，眼尾只要自然向上拉长一点就可以。在描绘下眼线后最好用眼影刷推开，将眼线边缘自然地微微晕开，形成渐进，会让人看起来更舒服。但不要晕染太多，不然眼部印象会减弱。将睫毛夹贴紧睫毛根部，擦上胶水固定在睫毛根部上。由根部往睫毛末梢一节一节往上夹，会让睫毛曲线变得更好看，睫毛延伸且侧面弧线极佳。眼尾睫毛可用特制睫毛夹再夹翘一点，能让眼形延伸，放大眼形且深邃。下睫毛采用同样的方法。

一般眼线膏比眼线笔的效果更明显，颜色也更富有光泽，搭配使用，可以让眼妆更显妆容的精致。

5. 嘴巴。

工具：唇彩、唇蜜、唇部遮瑕膏、口红。

注意：涂抹唇蜜要适量，过多地涂抹会让双唇显得厚重。

方法：裸色系的唇蜜会更显气质，所以先用唇部遮瑕膏将双唇饰色，再将唇蜜涂抹双唇的中心，并轻轻晕开。如果想要让自己的唇色看起来更具亲切感，可以一气呵成地由一侧涂抹到另一侧，不管涂抹的效果如何，一定不要重新涂抹没有涂到的地方。当然你也可以用米色的口红将嘴唇打完底后，在涂上浅粉色的唇彩，这样也会更显干净的气质。

另外，可以适当地使用腮红，因为裸妆不需要有多么明显的腮红，所以在遮住局部的瑕疵或者在修容的时候打亮双颊即可。腮红一定要选择自然的颜色，轻轻由笑肌的位置往外刷，带有提亮效果的腮红可以突出面部的轮廓，但是打得太多则会失去裸妆自然的感觉。

> **· 魅力女人修炼法则**
>
> 化了妆的女人永远和素面朝天的女人有着本质上的差别，也许你现在还年轻，也许你的相貌算得上是天生丽质，但是这并不代表你不用化妆，不用为自己精心地打扮。化妆是女人先天的一种权利，作为女人，我们不应该放弃这种权利，同时化妆的女人会更加具有女人味，不要因为自己天生丽质，而让自己活得像个男人。

72. "养"出鲜嫩肌肤，打造你的"不老神话"

☆ 保养之于女人，犹如根茎之于花朵。无根，只能花开一时；有根，才能花开不败。

☆ 化妆只会让女人的魅力存在一时，皮肤的保养才是魅力保持的王道。

☆ 张韶涵说："一天不保养就会有罪恶感。"萧蔷说："运动是保持美丽的一大法宝。"

☆ 不老女神赵雅芝说："睡眠是养颜的关键，轻松生活是保持青春的秘诀。"电眼美女陈好也说："健康开朗的心态胜过分身乏术和一帖精致的面膜。"

女人要拥有精致的妆容，最重要的就是要拥有水润鲜嫩的肌肤。当然了，女人的肌肤都是"养"出来的，运动、睡眠、开朗的心态等，都是保养肌肤的灵丹妙药。

台湾的综艺明星大小 S 姐妹，她们对于面部的改造真的是不得不让人佩服，但是小 S 也有自己最崇拜的女人，那就是香港著名女演员潘迎紫，其出色的保养技术和不老的容颜也被媒体尊为"不老神话"。这位影坛的常青树年逾古稀，面容却好似还不到不惑之年，被众多媒体誉为"中国唯一一位永不衰老的美女明星"，潘迎紫甚至大出风头，盖过了很多年轻貌美的女明星，就连"绝美"的范冰冰都不得不对她竖起大拇指赞叹。

时间的魔力在潘迎紫的身上失效了，那么皮肤需要如何保养呢？怎么能做到像潘迎紫那样，那么就要选对时间，千万不要相信这个世界上有什么神秘的仙水，能够让你的皮肤减少皱纹，皮肤只能是在没有显出老态或者需要保养的时候保护好才是保养的上策。哈佛大学的研究表示，女性从 22 岁开始变老，身体各部位的器官结构和机能衰退，适应性和抵抗力减退。

艳秋和老公去菜市场上买菜，他们一起挑选自己喜欢的菜，到买白菜的时候意见出现了分歧，买菜的老农和艳秋说："姑娘，别和自己爸爸较劲儿，年龄大了，养你一回不容易，就听他的吧！"听了老农的话，艳秋立即笑得合不拢嘴，然后顺势拍拍老公的胸脯说："是你长得太老呢，还是我长得太年轻了？"

艳秋的老公尴尬地说："看来我回去也得保养一下自己了，明明只差两岁，在大爷这里看上去竟相差 20 多岁……"

卖菜的老农听了他的话才明白，自己误会了两夫妻的身份，立即道

歉，艳秋摆摆手说："没关系，我很开心啊！"

牙齿脱落，鱼尾纹横行，暗斑猖獗，这些现象都不会让一个女人看上去美丽或者有气质，所以气质的修炼少不了皮肤的保养，女人要定期为自己的脸做美容，那么对于皮肤的保养该从哪些方面做起呢？

1. 人体离不开水，同样皮肤也离不开水。水首先可以清洁皮肤，同时也可以保养肌肤，水分的缺失会导致皮肤变得干燥、无弹性，产生皱纹，面色也会显得苍老。另外，体内有充足的水分，才能使皮肤丰腴、润滑、柔软，富有弹性和光泽。

2. 充足的睡眠。保护肌肤不仅仅局限于对皮肤的胡来，良好的生活习惯也是不可缺少的环节。女人一定要养成早睡的习惯，最好不要超过夜里 11 点，晚上的个别时间是女性皮肤修复的最佳时间段，同时只要让皮肤休息好了，它才能顺利地完成有氧呼吸，充足的睡眠也是影视"常青树"赵雅芝的一个重要意见。

3. 卸妆一定要干净。如果清洁工作不到位，会影响皮肤对于营养成分的吸收，同时也会诱发皮肤长痘痘。面部的清洁绝对不是洗洗脸那么简单，最好是先用热毛巾（略微烫手为宜）敷在脸上，轻轻向下按压，让毛巾上的热气停留约 30 秒，以促进脸部的血液循环，并使脸上的毛孔张开。然后用流动的温水、洗面奶清洁面部污垢，最后用凉水泼脸，收缩毛孔。

4. 运用保湿的爽肤水，慢慢地轻轻地拍打脸部，可以使得皮肤光泽而有弹性，然后运用保湿霜均匀涂抹，最后选用美白乳液覆盖，对于夜间的皮肤护理，面膜和眼霜必不可少。面膜并不是天天使用，当然水质面膜也可以尝试。

5. 使用眼霜的时候，一定要注意，方法错误会导致眼部周围的鱼尾纹增多，或者脂肪粒横生，涂抹眼霜时手势绝对要轻，正确方法是：左右无名指腹对揉，在眼肚处（下眼眶骨）由内向外（眼尾处）轻推开，并在眼尾处轻推，并向上提，再轻轻地采用"点"的方法直到吸收。

6. 良好的心态，是女人保持年轻的秘诀。愉快的情绪使人心理处于怡然自得状态，有益于人体各种激素的正常分泌，有利于调节脑细胞的兴奋和血液循环，有助于帮助女人保持皮肤的年轻。

女人要有一个良好的气质，皮肤的保养不能缺少，化妆仅仅能改变外貌的美，而且有时间的限制，皮肤的护理可以让女人永葆青春，延缓自己的衰老。

· 魅力女人修炼法则

除了以上的原则，女人在平时还要注意自己的饮食。想要保持年轻的皮肤，建议每天早晚各喝一杯水；每天都要吃一个西红柿，西红柿中含有维生素C；另外一日三餐中用些醋，洗脸的时候也可以放一些醋，醋可以改变较硬的水质，达到养颜的效果；每天要喝一杯酸奶，女人容易流失钙，所以要增进钙的吸收；每天要喝一瓶名副其实的矿泉水，它含有的微量元素和矿物质是皮肤最需要的。

---

73. 打造气质发型，引爆你的"女人味"

☆ 女人漂亮不漂亮，关键在于脸部，而脸部的协调与美丽，关键在于发型的修饰。一个清爽、优雅的发型，能充分展示出女性的柔情，让你拥有十足的女人味。

☆ 俄国小说家、戏剧家契诃夫说："头发乃是人们头部最好的装饰品。然而谁不知道，头发一旦生得太长（我说的不是女人）就会成为一种足以显出思想轻浮而且有害的征象？"

☆ 有气质的发型绝对是塑造漂亮脸蛋的好帮手，找到适合自己的发型，让你瞬间变成一个美丽俏佳人。

女人要拥有美丽，除了要学会装点自己的"面子"外，还要懂得打造适合自己的发型。恰当的发型能够彰显出女人的气质和魅力。一个面貌娇好的女性，倘若少了一头漂亮的秀发，或少了一个美丽的发型，那绝对会毁了她的形象。相反，一个女人如果有一头柔顺的靓发，即便她相貌不佳，也会带给人一些美丽的臆想和想象。可以说，发型绝对是塑造女人漂亮外形的好帮手，它最能展现出女人的气质，引爆女性的"女人味"。

那么如何通过发型来使自己成为一个有女人味的气质美女呢？其实，发型的选择和脸形有着直接的关系。主要分为以下几种类型。

1. 前额宽、下巴窄

基本分析对策：对于这种女生，选择发型的时候，要侧重缩小自己额头的宽度，并要增加脸下半部分的宽度。

具体方法：这类女性比较适合中长类的披肩发，发梢蓬松柔软的大波浪，这样是为了增加下巴的宽度，刘海可以选择中分或者稍侧分。

2. 前额窄、下巴窄，颧骨比较宽

基本分析对策：这种类型的女人，属于菱形脸，一定不要将自己的脑门露出来，也不要将两边的头发梳在脑后，至于马尾和高盘头想都不要想。

具体方法：这类的女性是可以烫发的，因为烫发可以适当地缩小颧骨的宽度，而且做发型的时候可以将头发烫成前倾的波浪式，用发型的大波浪来掩盖自己的大颧骨，然后将下巴部分的头发吹得自然一些。

方形脸的女人可以尝试一下沙宣，因为前额宽广，颧骨突出，如果梳起一个马尾，会让你的脸显得特别的宽大。最好的方法是将你的发尾向前梳，最好能遮住你的两边脸颊，同时也可以掩盖下巴骨骼突出的特点。

3. 三角脸即额头窄、下巴宽

基本分析对策：额头窄那么发型设计就应该侧重放在头顶，而下巴宽就应该很好地设计一下两鬓的头发和发尾。

具体方法：你可以将太阳穴附近的头发弄高一些，刘海也要适当地剪高，而下巴旁边的头发不能太多，这样是为了保持脸形的均衡。

4. 圆脸的女人

基本分析对策：圆脸的女人额头和下巴基本都很圆，这种圆脸的人吹头发或者烫头发，应该设计一款让自己的脸看上去有棱角的发型。

具体方法：圆脸的妹妹应该设计一款较高的发型，这样可以拉长一下脸形，同时刘海应该是斜的，这样可以将圆形的脸分散一下，头发的样式最好是自然为宜，不要过多地设计。

5. 长形脸的女人：

基本分析对策：长形脸的女人额头较窄，下巴很尖，颧骨不突出，两颊看起来很单薄，这个时候应该设计一款蓬松的发型，而不适合长发或者短发。

具体方法：长形脸的女生因为脸颊窄，所以头发要蓬松，同时增加两颊的厚度，这样可以遮盖两颊的狭长，同时，为了避免呆板和老气一定不要垂直的长发或短发。还可以吹一个蓬松大卷发，拉开脸颊的狭窄。

> **· 魅力女人修炼法则**
>
> 　　一款气质的头发可以将你由一个相貌普通的女孩变成一个气质的美女，其实更多时候不是在于你的发型有多么的新潮，而是应该找到一款适合自己的发型，当你下一次站在镜子前在苦恼自己的脸形不够完美的时候，不妨看看上面的基本对策，为自己设计一款适合的发型吧！

74. 修饰你的"心灵之窗"，打造闪亮美眼

☆ 著名的国际化妆师说："眼妆可以让一个女人更具女人味，同时充满成熟的气息。"

☆ 都说眼睛是心灵之窗，眼睛可以让一个长相不出众的女人变成美女，眼睛在女人的面部之中占有着重要的地位。眼部是面部表情最有神彩的地方。想让双眸大而清澈，散发诱人魅力，眼妆在化妆中占有着十分重要的地位。大眼妆以及单眼皮眼妆都可以瞬间解决你的不自信，这就是化妆的魅力所在。当然，心灵之窗修饰有道，能让你的形象神韵倍增。

人们都说，眼睛是心灵的窗口，可见眼睛在人的五官中占据着重要的地位。一个女人的漂亮程度往往决定着她面部美丽程度的绝大比重。据说张雨绮当年被周星驰看上演电影《长江七号》的原因就是张雨绮眼神冷艳，而且是少有的单眼皮，在外国人眼中，单眼皮才是真正的靓女，所以，张雨绮才有了后来的发展机会，可见一个女人的眼睛有多么的重要，同时眼睛也更加能够体现一个女人的气质。所以，女人要"妆"出属于自己的美丽和神韵，就一定不要忘记修饰自己的"心灵之窗"，打造属于你的气质美眼。

梅婷是一家外贸公司的客户经理，一次，她去拜访老客户程总。程总一见她就说："梅婷，几个月不见，变化真大，漂亮多了啊!"梅婷听罢，便说道："谢谢! 程总觉得我哪儿变了呀?"

程总说："一时说不出来，就是觉得你跟以前不一样，精神了许多，是不是换了个新眼镜啊?"

梅婷答道："恭喜你答对了! 我是圆脸，原来那个眼镜框也是圆圆的，显得我很不精干。后来，我接受了形象顾问的建议，就把镜框换成了这款柔和的长方形的，的确比之前协调多了。不过，程总，我还有一个变化，你难道看不出来？"

程总说："好像你的眼睛比之前变大了似的。"

梅婷说道："你知道，我以前眼睛从来不化妆，后来我参加了一个化妆课，学习了修眉和画睫毛，所以看上去精神多了。"程总说："那我又答对了！今后，与你这位大美女合作，一定会更加愉快哟！"

由此可见，得体地修饰你的"心灵之窗"，的确可以提升你的形象，增加你的魅力。交际专家指出，在非语言的交流行为中，眼睛有着重要的作用。眼睛最能够表达出人内在的思想感情，反映一个人的心理变化，眼睛也是一个人面部的核心，是化妆修饰中最为重要的部位。身为女人，用睫毛膏修饰好你的心灵之窗，会增加你的美感，让眼睛看上去精神百倍，也会增加你的自信。

眼部的化妆工具主要有眼线、眼影和睫毛膏等，眼线要从睫毛底部用黑色或者褐色的眼线笔由内眼角到 2/3 处，避免全部涂上，将眼睛包围，应该先上后下，上重下轻，必须要紧贴眼睑的边缘。眼影的色彩选择要与眼形、肤色和服装相协调。如果你的眼睛有些凹陷，则可以使用亮色系的眼影，如粉红、紫色等；如果你的眼睛向外凸出，则可以使用暗色系的眼影，如棕红、灰色系等。上睫毛膏时，要先用睫毛夹将睫毛卷曲，再在睫毛上刷上黑色睫毛膏，商场上有加长或浓密等多种功效的睫毛膏，一定要根据自己眼睛的特征来选择。

除了化妆之外，选择合适的眼镜也可以达到美化眼睛的效果。当然，要注重的是脸形和眼镜形状的协调，否则便极难达到美化的效果。比如说圆脸的女孩选择完全没有任何棱角的圆镜框，则会显得整个面部更为臃肿，让其显得亲和有余而精干不足。如果选择一款略有柔和棱角的长方形镜框时，就可以让面部增加一条直线条，从而在其职业形象中增加干练的元素，人也会显得比之前精神许多。

> **· 魅力女人修炼法则**
>
> 　　要让眼睛更漂亮，除了恰到好处的化妆术外，平时要保证充足的睡眠，这样眼睛才能看起来更有神。不要睡得太晚，否则会出现黑眼圈。同时，睡前也不要喝水，否则容易出现眼袋。另外，要经常轻轻缓慢地对眼睛的周围进行按摩，如果担心适得其反，可以请专业按摩师按摩去皱纹。

75. 运用香水魔力，打造媚惑"女人味"

　　☆ 张小娴说："爱上一种味道，是不容易改变的。即使因为贪求新鲜，去试另一种味道，始终还是觉得原来那种味道最好，最适合自己。"

　　☆ 法国香奈儿品牌创始人可可·香奈儿说："不擦香水的女人没有未来。一个衣着优雅的女人，同时也应该是一个气息迷人的女人，没有味道的女人没有未来。"

　　☆ 寻找属于你自己的香水吧！勇于尝试各种不同的香味，尽情地享受各种不同的气场味道。总有一天，你会找到生活中如情人般的那种味道，任谁都忘不掉……

　　淡淡女人香，每个有魅力的女性都有独属于自己的味道。而不同的香味则代表了女人独特的个人魅力。正所谓"闻香识女人"，女人要彰显与众不同的魅力，就要学会运用香水的魔力，打造属于自己的"女王范儿"。

　　可可·香奈儿认为，无论什么地位、什么年龄的女人如果没有味道，就只能算一个失败的女人。人们常说："化妆是女人的必备，香水是女人的品位。"气味是可以在人们的记忆中保留最久的东西。香水是一个女人展现自己品味和个人气质的法宝，有魅力的女人不能不使用香水。

性感女神玛丽莲·梦露是世界上公认的最有味道的女人，她的魅力也源于她爱使用香水。她睁着那双让全世界男人都痴迷向往的风情眼睛，用慵懒而富有磁性的嗓音告诉世人："夜间我只'穿'香奈儿5号。"

女人精致的妆容与得体的服饰，可以给人留下深刻的印象，但是最令人无法忘怀的，却是她身上那股若有若无的香味。那隐隐约约散发出来的香气，正是女人的无形装饰品，可以在不动声色间展现出女性特有的魅力。

香水和女人身上一切有形的服饰、妆容、佩件皆不同，它无形地、幽幽地萦绕于身，能将我们带入不同的心境——自信、魅力、浪漫与优雅；它的美丽看不到、听不到，只能意会，也因此才会有"闻香识女人"的意境。

值得一提的是，每个女人都会与某一款香水相契合，这和人与人相遇一样也是需要缘分和机遇的。也就是说，女人要用与自我气质浑然一体的香水，方能展现出自我独特的个性来，这是使用香水的至高境界。

如果你个性活泼可爱、热情爽快，可选择曼陀罗花、香子小雯、柑橘调、甜香调等花香型香水，娇而不媚、烈而不浓；如果你坚强内向，谨慎小心，喜好安静，可以选择树木、乙醛、东方香等温婉迷人的香水，让浪漫温婉倾情而出；如果你喜欢简洁明朗，纯情文艺，可以选择纯净、透明的质感以及甜蜜的水果香型香水，自然之余香气若隐若现，诱发无穷幻想；如果你聪明理智，独立能干，可以选丁香、檀香、玫瑰香型香水，步履穿梭间轻洒幽香，可使你时刻成为焦点，魅力大增。

对香水的拥有和使用代表了女人修炼和成熟的程度，表达的是女人的形象和品位。除了选择适合自己的香水之外，要想成为一个香水的使用高手，充分让香水发挥出魔性，打造出女王范儿，还有一些必须遵循的规则。

以香奈儿为首的几家香水厂商，都提倡从手腕处向身体涂香水的方法。即先将香水沾在手腕上，然后再移往另一手的手腕，再从手腕移至耳背、发际、胸部，然后擦在所有的部位上，活动时香气会均匀地往外扩散，香气圆润又舒适，既持久又淡雅。如此一来，你的气场也就会如同一片薄纱轻轻地萦绕在你身上。

有些人会直接将香水喷在衣服上，但是下次若想使用不同的香水时将造成困扰，所以我们要避免这种方法。但可以适当地喷在衣服边缘，如擦在裙摆，走动时香味随着肢体的摆动，摇曳生香，气场甚是撩人，这可是一个大窍门！

认识到香气的魔性后，许多女人会理所当然地认为香水洒得越多越好。其实不然，过多过浓的香水会让人感到有一种不愉快的气味，这种气味会抵消我们的气场能量。实际上，淡一些，似有似无更迷人、更有魅力。

香水的香味，总的来讲，应不具刺激性，不要过于浓烈，要考虑他人的感觉，不相融的气味会产生一种人际间的排斥感。注意香水本身的浓淡，将香水运用得恰到好处，完全可以提高气质，使人心醉。

> **· 魅力女人修炼法则**
>
> 在职业、社交、休闲运动三大场合中选择香水也是有讲究的。职业场合，香气应是知性的、清新的、高雅的、温柔的；在社交场合，香气应是性感的、艳丽的、饱满的、个性的；在休闲运动场合，香气自然该是活力充沛、振奋舒畅、清新愉悦的。另外，由于香水的发挥程度与外界温度有很大的关系，我们还要根据时间决定香水使用类型。白天由于气温较高，人的嗅觉会变得敏感，香气易于扩散，故宜用清新、清爽、浓度低的香水；晚上则相对使用香味较浓的香水。

76. 手是女人的第二张脸，也需要"妆"

☆ 女人的纤细适度的手，是有灵性的。它洋溢着女人温柔的气息。一双漂亮的女人手，足可以让一个男人为她付出一生的爱。

☆ 一双纤细柔滑的手充满了女人温柔的气息，包含了关怀、体贴、爱抚，具有魅力，富有性感，叫人感到那双手妩媚得像玫瑰花一样，散发着温柔的清香，一看就心生爱恋之情，打开想象的空间并隐含着躁动。

魅力女人在打造自己的精致妆容外，千万别忘记了"妆"一下自己的手。一双娇嫩柔美的手是会说话的，是富有灵性的。一双漂亮的手就等同于一张美丽灿烂的笑脸，所以人们常说手是女人的第二张脸。

身为女人，纵使你的脸蛋有多迷人，但在交际中，总伸出一双粗糙无华的手会让他人有怎样的感觉？不可否认，一双不美丽的手会给你的美丽形象大打折扣。要知道，手和脸是完全不同的，手每天都要接触一些含有化学成分的东西，尤其是洗涤类的，还要触碰和劳作，所以手是更需要滋润的，是需要保养的，因此女人平时一定要注意呵护它。

当然，要保养和呵护好自己的手，可以从以下几个方面做起。

1. 手部护理必不可少的就是护手霜。当然有些女人会说，我有乳液，手也是皮肤，不是都一样的吗？手部的皮肤和脸上以及身体其他部分的皮肤是绝对不能等同来看待的，因为我们经常会用到我们的手，它的受损程度绝对要高于身体其他部分的皮肤，所以，护手霜的成分一定不同于擦脸用的乳液和保湿霜，所以，为自己的手单独选一款适合的护手霜很有必要。

2. 涂抹护手霜，一定要手背手心同等看待。女人你要知道，手背

手心都是肉啊，手心同样很少有油脂分泌的腺体，同样需要滋润。你的手背看起来光滑细嫩，但是别人和你握手的时候，就好像抓到了一个砂纸，这样不仅仅会影响自己的形象，还会让对方误以为你的手背是假的。

3. 涂抹护手霜不是一天一次就行的，应该是随身携带护手霜，尤其是寒冷的冬天，冷和干燥会让女人的手瞬间老上 10 岁，所以，护手霜应该是你在觉得自己的手干的时候就涂抹一遍，并且，涂抹的时候要给自己的骨节适当地做按摩，把每一个地方都要涂到，包括指甲周围的皮肤。

4. 要保养自己的指甲。指甲里出现了白色的斑点，就说明身体缺少了相应的元素和营养，另外当你发现指甲非常容易断裂的时候，应该喝一些果醋，这样可以及时地补充维生素、氨基酸及氧，这些物质能够在体内与钙合成醋酸钙，可以增强钙的吸收，使得指甲坚硬和亮泽。

另外，不要对指甲涂抹过多的指甲油，指甲油里含有酒精成分，常常闻不仅会对身体造成影响，同时还会腐蚀自己的指甲。还可以使用指甲保湿油、指甲保护霜，为了防止指甲缺水，还可以用湿毛巾擦一擦。另外不要留过长的指甲，长于指肚一点点即可。还需要用不用的牙刷蘸点香皂，清洁一下指甲里的细菌，最好不要时间太长，以减少对指甲的磨损。

5. 切记不要裸手直接做家务。洗碗、炒菜，洗碗用的洗洁精具有碱性，对手的伤害很大，最好戴上胶皮手套，油烟的呛熏对手也不是很好，戴上手套可以防止油烟的呛熏。另外，冬天出门一定要戴上手套，寒冷和干燥会让你的手裂口、破皮，看上去吃饭的时候都没有胃口。

手是女人的第二张脸，手的保养对于女人来说很重要，一个身着靓丽的女人却露出一双布满沧桑的老手，让人看上去总觉得有些不舒服。很多人都说，手是最容易泄露女性真实年龄的部位之一，美国一位女影星有一句名言："美是从指尖开始的。"法国一位著名女性美容评论家曾说："手是女人的身份证明书。"有气质的女人一定要在自己的手上多花些功夫，手也是反映一个女人美丽和青春的重要标志。

> **· 魅力女人修炼法则**
>
> 　　除了保养自己的手外，女人还要学会保养自己的脚。与手相比，脚是更性感的造物。每到夏季，女人总会赤着脚，穿着款式新颖、颜色亮丽的凉鞋或凉拖，所以在此提醒女人们，要像呵护你的手一样来呵护脚，方法可以借鉴，相信拥有一双柔嫩的脚，会使你的女人味更足，会使你更具魅力。

77. 别让颈部"泄露"了你的年龄秘密

　　☆ 数一数女人颈部的褶皱，就知道她衰老的程度。由此，我们可知，光滑的颈部可以是一个女人骄傲的资本。

　　☆ 生活中，多数女人都会忽略颈部的保养问题，甚至连颈部横生的皱纹也不在意。直到有一天，她们突然发现，使自己的年龄暴露无余的是自己的颈部时，才开始暗自心慌。为了不让自己的脖子在关键的时候"掉链子"，女性应该注意加强自己的颈部保养。

　　你认真地在镜子面前审视自己的颈部：据说如果有一条皱纹就代表你已年近30，每多一条就添寿10年。如果你还没有明显的松弛或者皱纹，那么恭喜你，但还是要采取一些预防措施，不要让岁月在你的任何肌肤上留下年龄的痕迹。保持颈部的完美和光滑，可以让你看起来至少年轻10岁！

　　生物学指出，颈部在人体学上是一个"多事三角区"，颈部肌肤十分细薄而脆弱，颈部前面皮肤的皮脂腺和汗腺的数量只有面部的1/3，皮脂分泌较少，难以保持水分，更容易干燥，所以，极容易产生皱纹。

颈部的皱纹通常有两种，一种是初期老化的皱纹，十几岁时便开始出现，这种皱纹通常不明显；另一种皱纹则是受紫外线的影响，并随着年龄的增加而加深，这种皱纹可能非常明显。无数次抬头、低头的动作，加上支撑头部的重量，颈部肌肤很容易加速老化和松弛，产生皱纹。而且，一旦产生皱纹后，便很难恢复弹性，将之消除。很多女性非常注重"面子"上的保养，却对颈部肌肤不太注意护理，所以一些女孩从25岁开始，颈部便有明显的皱纹了。如果年龄偏大，颈部皮肤已经出现松弛、缺水、轮廓感下降的情况。所以，魅力女人在妆容方面，一定要有针对性地对颈部进行保养。具体可以从以下几个方面做起。

1. 每天坚持使用颈霜或紧致产品。

颈霜或者是高质量的日霜和晚霜内含有让颈部皮肤紧致、滋润、抗老化的成分，坚持使用颈霜，皱纹就不会提前出现。

2. 勤为颈部做按摩。

按摩不仅能够舒解疲劳，而且也是简单有效的美颈方法。每晚沐浴后涂上少许化妆水和颈霜，再进行按摩。

（1）先将颈霜均匀涂抹在颈部。双手由下往上，手指稍稍用力往上提拉颈部中间松弛的肌肉区域。

（2）中间区域按摩完后，头部侧向一边，双手以指腹施力，从颈部下端往上推揉，直至耳后。

（3）头部后仰，用大拇指将下颚处多余的肉往前推至下巴处，再以相同的方法，慢慢向左右耳处移动。

重复以上动作3次，每天晚上睡觉前做按摩，对预防颈部的细纹、舒缓一天的疲劳及颈椎的健康都很有好处。由于颈部肌肤的弹性差、肤质薄，按摩时的力度要轻柔。

3. 选择合适的寝具。

柔软的床和褥子，睡上去很舒服，可是我们的臀部和脊背却会因为这种柔软呈W形下陷，结果导致脖颈骨前倾。和床褥一样，枕头也是引起脖颈酸痛的原因之一。对于脖颈来说，仰卧是最自然的，所以大枕头是最科学的，这样能让脖颈形成山形弯曲。枕头最好稍微硬一些。最适宜的高度是在 8 厘米左右，摆放在脖颈的凹陷处。

4. 冷敷。

如果脖子太劳累了，无法再灵活转动，我们不妨采取这个办法：将盐水冻成冰块，裹在毛巾里，然后把它放在酸痛的部位，一边画小圈一边冷敷 20～30 分钟，2～3 天后，你的脖颈就能转动自如了。

> **· 魅力女人修炼法则**
>
> 日常的保养中，除了保持清洁和滋润度，每日坚持做颈部操以外，在颈部皮肤偏黑的情况下，还可配合使用一些小秘方：用土豆泥（土豆削皮煮熟捣成糊状）加一匙植物油和鸡蛋清搅匀，趁热涂敷，可使颈部白嫩、漂亮。如果每日服用核酸 800 毫克，一个月之后颈部皮肤会更加细腻嫩白。

女人的千娇百媚完全可以"穿"出来

　　一个女人的魅力主要体现在其品位和气质上，而衣着的穿戴是品位和气质的最直接体现。很多时候，女人的千娇百媚都是"穿"出来的，会穿衣打扮的女人，会给人带来一种如沐春风的愉悦的感觉。一个女人可以没有非常漂亮的容颜，但一定不能没有彰显自我品位的衣着。女人的得体相宜的着装，最能充分体现女人的柔情与娇美，让男人有想拥有她想探询她的想法与冲动。所以，智慧的女人生活中一定会勇敢地和那些粗糙庸俗的着装说"不"，并能用兰心蕙质的巧手和精致的穿衣法则为自己的美丽加分。

78. 先识"霓裳"，再"塑"佳人

☆ 经典很重要，时髦也很重要，但不能忘记的是一点匠心独具的别致。

☆ 多夫·戈顿夫人说："即使是长相和身材最平常的女人，如果给她穿一件美丽的霓裳羽衣，她也会不自觉地飘然若仙。"

☆ 不要过分注重品牌，这样往往会让你忽视内在的东西。

☆ 女人要想美丽就得会穿，如何穿得亮眼也是一门学问。简单来说，由浅入深，穿衣有三层境界：第一层是和谐，第二层是美感，第三层是个性。聪明理智的你买衣服时可以根据下面六个字，只要有一项不符合就不要掏出钱包：喜欢、适合、需要。

要打造魅力十足的"第一眼美女"，绝对不能忽视了你的穿着。正所谓"人靠衣装马靠鞍"，得体、有品位的穿着，可以让他人眼前一亮，给人带去惊喜。但是，得体、亮丽的着装也是讲究原则的，在装扮自己之前，一定要先了解自己的风格和气质，再选择适合自己的"霓裳"，然后，魅力十足的百变佳人，就可以轻而易举地被塑造出来了。

从《欲望都市》中，我们便能觉察到，那些我们心中最为典型的女强人代表，诸如律师、作家，并不仅仅只精通如何打赢一场官司，写出多么好的作品，她们还懂得如何利用得体的着装让自己看起来更强势。

你也许还记得那一幕：当美兰达晋升为律师事务所的股东之一的时候，她什么都没说，身上那套剪裁合体的 Giorgio Armani 已经无声地宣布了她成功时的骄傲与喜悦了。"Dress for Success"即"穿出成功"是《丑女贝蒂》第一季第三集的片名。有一幕，贝蒂穿着那件墨西哥风格、酷似圣诞树的绿色斗篷半死不活地站到了顶级时尚杂志《Mode》的大理石楼梯上，连主编的影子还没见到呢，就差点被势力的小助理"踢"回老家。

有人说，女人穿衣服和选丈夫一样，适合自己的才是最好的。也就是说，你的衣服搭配要与本身的气质相符合，更要与自我的职业形象相符合，才能展现出独属于自己的个性，给人留下深刻而良好的印象，也才能传达出独特的女性魅力。

一般情况下，要塑造靓丽的佳人气质，除了让你的"霓裳"符合自我气质和场合外，还要遵循以下的原则。

首先要穿出高贵来，它直接决定了你在他人心目中的品位。100 年前，时装是上流社会的游戏，而现在，每个人都可以参与。纵观百年时尚变迁，高贵似乎是永恒的主题，即便你偏爱休闲、朋克、运动……仍不可避免地因需要出席一些正式场合而把自己装点得高贵优雅。

其次是穿出自我来，这样才能让他人记住那个独特的你。女人如何扮靓，风格是重中之重。21 世纪是一个新摩登时代，是一个女性把握自主权的时代，所以个性和风格充分体现了你对衣着的品位。但不管今年流行什么，记住适合自己的才是最好的，用属于自己的风格展现现代女性的形象——乐观迷人，睿智从容，成熟中透出一份淡定和自信，它与年龄无关。

最后要穿出"亲切"来。在平时，无论你热衷于浓妆艳抹还是素颜朝天，最后出来的效果最好不要有拒人于千里之外的隔膜，那会让你的美丽大打折扣。

服饰作为人形体美的一部分，只能是受限地存在，而不是自由存在。它的美要体现在与人的关系上，体现在与人的其他部分的和谐上。所谓和谐原则，是指协调得体的原则，是与人的体形、肤色以及地点场合等的和谐。比如，服装与体形的关系最要紧的是大小合身和长短相宜。如在静诺肃穆的办公室里要以简洁清雅为主，如果穿一套随意性极强的休闲装，则人境两不宜，气质也势必被大打折扣。

懂得了这些原则之后，无论你是混迹职场多年的资深 OL，还是苹果一样青涩可爱的社会新人，都要重视合理地搭配衣服，塑造完美的个人形象，进而充分彰显自己的气场力量，第一时间给他人留下深刻的印象。总之，身材可以不完美，但形象是可以改变的，关键是看你怎样去把握。衣服搭配得好，就能让自己看起来更完美，而且，你所表现的形象反过来也会影响你自己的所作所为，将你塑造成一个全新的、强大的"自我"。

· 魅力女人修炼法则

1. 衣服可以给予女人很多种曲线，其中最美的是 S 形，衬托出女性苗条、修长的身段，女人味儿十足。

2. 应该多花些时间和精力在服装的搭配上，不仅能让你以 10 件衣服穿出 20 款搭配，而且还锻炼自己的审美品位。

3. 即使你的衣服不是每天都洗，但也要在条件许可的情况下争取每天都更换一下，两套衣服轮流穿着一周比一套衣服连着穿 3 天会更加让人觉得你整洁、有条理。

79. "自然和谐"是穿衣装扮的至高境界

☆ 著名形象设计师说："女人满柜子的衣服不知如何搭配，那么多漂亮的衣服却穿不出气质，这说明穿衣搭配确实是一门学问。"

☆ 著名影星巩俐说："我喜欢穿得自然、大方，在随意中突出青春美、形体美和气质美。在颜色的选择上我喜欢红、白、黑。对于服装的款式，我追求简洁、明快、合体。我的衣服从来没有多余的装饰，因为我认为自己不需要用衣服来掩饰什么。我也不会去追什么时髦，只会选让自己产生感觉的服装。化妆其实是一种礼貌，但应该自然。我对美的标准是自然、健康。"从巩俐的话中体会到"自然、自信"四个字，才是一切打扮之真味。

一个女人如果找到了适合自己气质和品位的着装，那么接下来就要在这个风格中选择合适的款式和颜色来进行搭配。著名的服装设计师唐娜·卡兰说："服装在于合体与和谐，自然而自信，而打扮也恰恰如此。为服装而服装，为打扮而打扮终究显出一种做作，甚至是古怪。唯有和谐而自然且恰如其分地修饰自己才是穿衣的精髓所在。"为此，可以得出结论：着装的至高境界是"和谐"。

生活中，有的人穿上一件名贵的高档时装，会让人觉得俗不可耐，而有人穿上简单朴素的衣服，却显示出一种迷人的超凡脱俗的美丽。这主要是因为着装者的文化素养、职业、气质风度，以及对服装的审美理解、搭配不同而产生的不同效果。那些不会搭配的女人，总会感觉自己的衣柜里少一件衣服。而会搭配的女人，即便衣柜里只有两三件衣服，也能穿出百变女王的气质来。

张桦是刚从学校毕业的待业青年，对于她来说，没有钱可以购置更多的衣服。尽管她的衣柜里只有学生时代置办的两三件衣服，但是周围的朋友却觉得她像个"百变女王"似的，总能穿出不同的气质来。朋友都问她原因，张桦却笑着说："我的衣服就那么两三件，平时的时候，我总会选用一些饰品或者围巾来搭配。"然后随手递过去一本服装搭配的书籍给大家，这才让很多人懂得她那么会穿衣服的原因了。

穿衣搭配是用来更好地修饰身材的，不会穿衣，不讲究搭配是对一个女人气质的最大威胁。无论一个女人有多大的年纪，讲究服装搭配都很有必要，所以，对于服装的搭配一定要记住一些技巧和方法，另外，有些服装即使搭配了也完全穿不出气质，这个时候就要果断地选择放弃。

当然了，有些服装是即使搭配了也无法挽救的，敞口的短袖 T 恤衫，这种衣服只会让女人穿出大妈的感觉，另外，宽松的上衣、绸缎布料的裤子，这样穿着会显得很有村气的感觉；而黑白配的衣服会让人看上去很有诡异的感觉，尤其是黑色的裙子还要配上一双雪白的袜子。即使是一个漂亮的女人穿上了，也不见得会有气质。

如果你是一个身材略胖的女生，不妨选择穿一条过膝的裤子，这样可以掩饰膝盖以上的臃肿和由于太多脂肪而堆积的大粗腿；如果你想要选择一条束脚型运动裤，这个时候当然要搭配一双棉质的帆布鞋，上身可以搭配一件休闲的短款长袖 T 恤衫，这样会让你看上去很有活力；另外，穿一条棉质的铅笔裤，长度最好选择那种能够盖住小腿最粗部位的，其他长度的裤子很容易让人感觉铅笔裤穿起来很显胖。

如果你的上衣已经选择了一件宽大的衣服，那么下身坚决不能穿太肥的裤子或者敞开式的裙子，这样会让人看起来相当的邋遢，完全没有精神，部分身材好的女人穿起这身衣服就是自毁形象。当然如果你非要选择上身宽敞的衣服，那么就为自己选择一条紧身的七分裤吧，这样会显得很可爱。当然，对于女性的裙子和鞋子的搭配、裤子与鞋子的搭配也是很有讲究的。

如果一个女人穿着露孔的凉鞋，最好就不要穿带颜色的袜子；而且如果是紧身裙，这个时候选择搭配一条晶莹剔透的丝袜，会让女人看起来更加性感，曲线也非常的凸凹有致。但是如果穿了一条短款的蓬蓬裙，这个时候便不是很适合穿着丝袜。总之，丝袜是女人征服男人的武器，绝对不能忘记了丝袜的用处。

女人穿着衣服的颜色搭配也很重要，礼仪上对于女孩子的穿衣也是有要求的，一般身上的颜色不要多于三种，女孩子如果不是那种身材特别完美的，最好不要选择穿那种多色的丝袜，或者断色的裤子，颜色的搭配不要太过艳丽，同时也不要太老土，更不要太突兀。

服装的搭配可以造就一个有气质的美女，但是如果搭配不好也会亲手毁掉一个女人的形象，那些走红地毯的中外女星，有的时候，真的会因为衣服的搭配而气质瞬间消减了很多。

· 魅力女人修炼法则

服装作为一种打扮文化，构筑着一种形态的美，服装作为社会心理的立体反映，又营造着一种意境和韵味美。一袭靛蓝紧身牛仔裤，一款蓝白牛仔衬衫，配上各种质地款式的小马甲，这是学生们永恒的时装，展示着属于他们自己的青春风采。色调沉稳的长装短裙，丝袜皮鞋，将活跃在社交场合的白领丽人包装得精干利落，气势夺人……

80. 与"面子"相比，"里子"形象更重要

☆ 苏岑说："多年前，有这样一种观点：女人，爱自己就要让自己穿得好！多年后，这种观点得到了修正：女人，爱自己就要让自己从内到外都要穿得好！"

☆ 内衣，不是穿给别人看的，那是一份只有自己才知冷暖的体贴，值得女人细细为自己打点。就如同爱情一般，我们不必为了引人羡慕才去爱，自己内在的快乐最重要。

☆ 多数女人，在维护外在"面子"的时候，都是不惜本钱的。但一涉及"里子"工程的时候，却往往会为了节省装扮成本而"偷工减料"。

生活中，多数女人都会这样打扮：一套名牌裤子配一条廉价腰带，一件高档毛衣内衬一件地摊线衣，一件时尚外套里面的内衣却已变形，皮鞋很贵但袜子却是破的……这种只注重"面子"工程，而不顾"里子"形象的装扮，只会让女人的气质和美丽大打折扣。正如《京华烟云》中牛素云的丫鬟所说："别看我们少奶奶外面穿得光鲜，内衣裤成礼拜也不换！"一个不顾"里子"形象的女人，即便你是千金贵妇，在下人眼里，都有说不出来的鄙视。

一个真正有气质的魅力女人，是懂得内外兼修的，她们最懂得生活品质，也有自己的装扮原则，无论从外在还是内在，都会选择质地好的衣物搭配来体现和提升自己的品位。

不可否认，一个把"里子"形象修饰得恰到好处的女人，是性感的，也是有品位的。为此，身为女人，一定要在装扮好自己外在的同时，注重自己的"里子"，尤其是要给自己选择一套质地上乘的内衣，极为重要。

一件好的内衣不仅可以让女性拥有性感曼妙的身材，而且可以帮助女性远离危害疾病。

有人说，一个会对自己好的女人，内衣至少要比外衣贵三倍。当然我们并不是鼓励女性要去买多么昂贵的内衣，而是告诉女人，懂得修饰内在，才是真正地懂得生活品质，这样的女人才能展现自己内在与外在的双重美，才能真正地成为情场和交际场上的大赢家。

> **· 魅力女人修炼法则**
>
> 在对待内衣的问题上，女人除了要穿好一点的内衣外，还要注意内衣的更换。有品位的女人，从来不会一件内衣从春穿到夏，从秋穿到冬，直到左边钢圈变形或者右边肩带拉丝了打个结依然还穿，最终女人面临的不仅是胸部下垂外扩等问题，还要面临妇科病、皮肤病等问题，接下来，你的烦恼就会连接不断。

81. 找到属于自己的经典"颜色"

☆ 雪小禅说："我没有再尝试过穿金色，不适合自己的东西，尝试都是多余的，就像不适合自己的人，最好不要尝试走近，那样的尝试，带着明晃晃的危险……"

☆ 说到女人形象从平凡到美丽的秘密，不同的人有着不同的答案。然而，从一个纯女人的角度来看这个问题，答案无非两个字——色彩。我们无法想象，失去色彩的世界将是如何苍白；我们同样无法想象，失去色彩的女人将是如何黯淡。这个世界从来不缺乏色彩，缺乏的只是对色彩的认识和运用。

要做靓丽多姿的魅力女人，穿衣装扮是关键。但是，真正会打扮的女人，除了懂得选择与自我气质相匹配的服装外，还懂得用合适的颜色来衬托自己。其实，多数女人在选择衣服的时候，都会依据个人喜好来判断"我穿这种颜色的衣服好看",或者很盲目地看见别人穿什么颜色好看自己就买什么颜色的服装,或者也会根据当季的流行色来选择颜色。或者说有一些人经过自己若干年的尝试,找到了自己的色彩,但是同样也浪费了很多时间、金钱和精力。

美丽真的就如此难吗?当然不是!只要找到适合自己的色彩,美就变成既轻松又简单的事情了。通过服饰颜色的改变,会将你的脸色衬托得健康、有光泽、有活力,还会忽略你身材上的缺憾!色彩,不仅能把你装扮得年轻、靓丽,还会带给你一个好心情。

身材高挑、腰细腿长的张玉,许多衣服穿在她身上都是曲线毕露。但就有一点,怎么都体现不出她独有的特质来。后来,一位色彩顾问告诉她,问题不在于衣服的款式,而是衣服的颜色太暗。原来,她平时就喜欢穿带点紫的红色,带点咖啡的绿色,带点粉的蓝色,带点褐的黄色,带点暗格子的灰色……整个人看上去面目模糊,混浊一片。

当她听取色彩顾问的意见后,神奇地发现,自己似乎在一夜之间突然魅力大增。那天早上,她穿了一身清蓝色的连衣裙,同事们都说她的气色突然间变好了,看起来也比昨天漂亮、精神了。当大家都在研究她是不是换了什么新的护肤品的时候,一位要好的同事发现,原来她换了一件不曾穿过的颜色的衣服。这一整天,她的心情都格外地开朗,同事们也都因为她的美丽而愉悦起来。

张玉突然明白,这就是颜色的魅力,它真的可以轻松地改变自己和周围的人。

可能许多女人都不敢相信,自己钟情的色彩不一定适合自己。这并非是说,一些含含糊糊的颜色不能穿,而是说,如果你觉得自己驾驭不了这些暧昧的颜色,那么最好还是不要去尝试,不如去选择一些清爽干净的颜色。

如果你想成为一个拥有十二分自信的女人,那么,就寻找属于自己的颜色吧!运用不同的颜色语言,你可以把所表达的情绪清楚地输入对方的意识，让他不知不觉地跟着你的思想走：当你想在会议中把那个老是欺负你的同事压垮，你可以穿着利落的黑色套装，甚至再加一个别致的胸花，就足以让人敬畏三分；当你想吸引酒吧里所有男士的目光，你可以穿着火一般的红色，挑逗他们最深层的原始欲望。因此你该了解不同颜色的使用场合，它能让你的出现更有分量！

那么，我们该如何判断自己适合哪种颜色呢？

一般来说，我们要选择与自己的性格、气质、风度较统一的服饰色调：红色热烈，黄色高贵，蓝色沉静，绿色和平，白色纯洁，黑色庄重，灰色典雅。你可以根据自己的个性选择你穿衣的主色调。

同时，要根据自己的肤色来选择。女人大都追求白皙干净的肤色，然而因为各种各样的原因，现实难如人意。与其抹一大堆伤害皮肤的美白保养品在脸上，还不如静下心来选择一款适合自己颜色的衣服，你会发现，原来皮肤也是会唱歌的。

1. 肤色较黑：修身的白色小西装会增加你黑色皮肤的时尚感，褶皱的七分袖更是让人显得年轻而富有活力。

2. 肤色偏黄：浅蓝色的上衣会让偏黄的肤色看上去更加白皙，就好比是阳光绽放在淡蓝色的天际，耀眼的光芒也会变得柔和许多。V 领衬托出欣长的脖颈，单排扣是显瘦的圣品，简单大方的设计，适合追求简单生活的你。

3. 肤色红润：肤色红润的人总会让人误以为是来自农村或高原地区，因为过分的红润似乎就让人有了浓浓的乡土气息。墨绿色可以很好地解决高原红的难题，再加上性感的深 V 领和腰部大蝴蝶结装饰，时尚也能轻而易举。

4. 肤色较深：米白色等比较清新明亮的衣服是这类女生的优选，因为明亮的色彩可以减低整个人的灰暗度，让人立即变得神采奕奕。公主式的蕾丝、荷叶边大裙摆，再加上泡泡袖设计，再深的肤色也遮不住你年轻蓬勃的朝气。

5. 肤色白皙：白皙的皮肤自然是天生丽质，似乎穿什么颜色的衣服都不会显得突兀，但如何发挥肤色的优势也是爱美女生的一大问题，譬如色泽鲜亮的深红色就很适合白皙的肤色；背心裙简单流畅的线条设计，简直加分又加型。

6. 健康小麦色：有的人追求珍珠般的白皙灵动，有的人则偏爱麦色般的健康活力。如果你也拥有令很多人羡慕的小麦肤色，不如试试以翠绿色为代表的鲜艳色彩。翠绿色让爱蹦爱跳爱运动的你更加开朗自信。

> **· 魅力女人修炼法则**
>
> 如果你天生皮肤较为粗糙，那么不用着急，杂色或者纹理凹凸性较大的织物很适合你。酒红色的粗花呢，让粗糙的皮肤瞬间看上去细腻；蝴蝶结装饰的娃娃领和蝙蝠袖造型高贵大气，脸上那点儿注意力早就被悄悄转移啦。

82. 学会搭配，你就是个"百变女神"

☆ 懂得服装的颜色搭配，你的衣柜里就会有永远也"穿不尽"的衣服，你也会成为众人眼中魅力十足的"百变女神"。

☆ 女人百变的外形，不仅能时时刺激男人的感官，让他对你充满好奇和期待，也能让他对你产生热爱生活、充满活力的印象，你们在一起的时光也就势必充满激情和渴望。另外，不断变化的自己也能给女人带来自信和朝气，让女人在生活中、在爱情中大放光彩。

每个爱美的女性都有属于自己的色彩，女人要想在短时间内建立耀眼的魅力，色彩是一个支点，是一条易走的捷径。一位被同事叫作"百变女神"的时尚女编辑，无论何时出现，身上都不会少于十种颜色。按照多数女人的审美来看，穿十种颜色在身上，与孔雀无异。不过，这位编辑却能够很好地驾驭好这些颜色，让一切都看起来自然、和谐。可见，女人在穿衣方面，要懂得一些衣服颜色搭配的原则和方法，这也是提升你个人魅力的一个重要法宝。

一般情况下，服装的颜色搭配，要遵循以下的法则。

法则1：同种色系的搭配，即同一色彩中各种明亮度不同的色彩来进行搭配与组合。简单地说，就是同一种色系中的各种颜色，依照深浅程度不同来进行配色。一套上下同色的服装会给人以统一规范之感，但又未免感觉单调，如果做深浅的区别，视觉效果则会更佳。

同色相配合以及同系配合在服装配色中的运用是比较多的，同色、同系色配合时要注意明亮度的掌握，明亮度太接近会使服装显得陈旧，明亮度差太大又显得过于强烈。所以服装配色的明亮度应与两色在服装上所占的面积差成正比。如上下装面积差较小时，明亮度差可小些；边条与正身的面积差较人时，明亮度差应大些。一件或一套服装中的色相不要太多，太多容易让人产生混乱的感觉。

法则2：相似色搭配，即指用色谱上相邻的颜色进行搭配的方法。如黄配红、绿配蓝、白配灰等。运用相近的色彩配色，自由度较大。与同种色服装搭配相比，相似色搭配略多变化，但整体效果也是非常协调统一的。例如，少女穿着青铜绿色宽松套衫，豆绿、鹅黄、天蓝、黑和铁灰构成的印花布裙裤、腰带，脚穿白色凉鞋，适合春夏或夏秋之交。又如，黑底绸衬衫上，印有橙、土黄、金茶或褐灰细条构成的彩格，配穿黑色长裤、茶褐皮腰带，亦十分漂亮。

法则3：不同色搭配，即指色谱上色差较大的颜色进行搭配的方法。一般来说，不同色搭配可遵照以下的原则。

（1）红色配白色、黑色、蓝灰色、米色、灰色。

（2）粉红色配紫红、灰色、墨绿色、白色、米色、褐色、海军蓝。

（3）橘红色配白色、黑色、蓝色。

（4）黄色配紫色、蓝色、白色、咖啡色、黑色。

（5）咖啡色配米色、鹅黄、砖红、蓝绿色、黑色。

（6）绿色配白色、米色、黑色、暗紫色、灰褐色、灰棕色。

（7）墨绿色配粉红色、浅紫色、杏黄色、暗紫红色、蓝绿色。

（8）蓝色配白色、粉蓝色、绛红色、金色、银色、橄榄绿、橙色、黄色。

（9）浅蓝色配白色、绛红色、浅灰、浅紫、灰蓝色、粉红色。

（10）紫色配浅粉色、灰蓝色、黄绿色、白色、紫红色、银灰色、黑色。

（11）紫红色配蓝色、粉红色、白色、黑色、紫色、墨绿色。

搭配颜色时，女人必须注意的是衣服色彩的整体平衡及色调的整体和谐。通常浅色的衣服不会发生平衡的问题，下身着暗色也没有多大的问题，如果上身是暗色，下身是浅色，鞋子就扮演了平衡的重要角色，它该是暗色系比较恰当一些。

总之，女人只要选择适合自己的色系，就能够穿出特色来。在颜色搭配的时候，最好还要让身上带点亮点，比如在深色的衣服上罩上件红色的小坎儿，会给人眼前一亮的感觉，也会让你显得有精神些。

> **· 魅力女人修炼法则**
>
> 衣服的整体搭配原则：1. 有图案的上衣不要配相同图案的衬衣；2. 条纹或者花纹的上衣需配素色的裤子；3. 鞋子的颜色要与衣服的色彩相协调；4. 裤腿不能过短，否则会给人重心不稳的感觉，而且有失庄重；5. 内外两件套穿着时，色彩最好是同色系或反差大的，搭配起来会更有味道。

83. 是什么降低了你的穿着品位

☆ 有句老话说："不怕手低，就怕眼低。"你能否驾驭好服饰，关键在于你的审美能力。

☆古罗马哲学家普罗丁说过："眼睛如果还没有变得像太阳，他就看不见太阳；心灵也是如此，本身如果不美，也就看不见美。"所以，女人的审美能力是练出来的，也是逛街逛出来的，没有哪个女人天生就对品味有着透彻的理解，如果女人仅仅把自己绑在家里面，不仅仅不会提升品位，还会长出小肚腩，让自己的腰越来越肥，让自己的腿越来越粗。

一位心理学家，曾做过这样的一个实验：现场的数百人去某个商场购买服饰，分别给他们提供可以买到全套服装、鞋袜、手袋和饰品的相同数目的钱，结果会是怎么样呢？有三种：一种是买好穿上，明显提升了个人的形象，提升了美感，甚至让人眼前一亮；第二种是感觉平平，既不好也没什么不好；第三种是差，甚至很差，彻底降低了个人形象和品位。

同样的钱买到东西却有不同的效果，问题在哪里？其实完全在于购买者的审美眼光。由此可见，一个女人能否驾驭好服饰，其关键就在于她的审美能力。可以说，审美是一种能力和指向，当女人伸手取下衣架上的衣服时，当你付了款把衣服变为自己的并穿在身上时，是什么左右了你的选择？还是审美能力。

所以，女性在装扮自己时，千万不要忽视服饰的隐语，你每天每个场合所穿的衣服，不仅体现出你的美或不美，还在无形中散发出许多信号，代表了你的审美水准。没有人愿意失去应有的认同感和尊重，如果你不想被评价为没有品位和修养的人，就从提升自我审美能力开始吧。

当然了，要提升自我审美能力是一个过程，一方面要通过不断的学习、读书，结识有学问的人；另一方面，可以通过学习一些最基本的着装常识，在短期内提升自我，这些规律常识为：

1. 色彩的重要性要远远大于款式和面料。

2. 视觉平衡能带给别人更好的感受。

3. 单色穿着是最为简单易行的法则。

4. 两种颜色搭配时应避免1∶1的比例关系。

5. 垂直线条塑造你修长的身段。

6. 依场合着装，时时处处显魅力。

7. 善于运用饰品，增添光彩。

8. 注重服饰的细节，突显不凡品位。

9. 营造视觉中心能让着装更加出彩。

穿衣装扮最为讲究的是视觉上的平衡，即要给人带去感觉上的大小、轻重、明暗以及质感的均衡状态。当人们看到平衡的物体时，便能产生安全感，视觉上也会有舒服感。相反，则会让人产生紧张感和压抑感。比如，一位体形较胖的女性，总是喜欢穿盖过臀部的中长大衣，配大约到小腿部的裙子，以为这样可以掩饰自己体形的不足，但是这种穿法则恰恰打破了视觉平衡，显得异常沉重。相反，如果你将衣服上摆向上提一点，大约在臀上部，即臀围最小的部位，再配一条及膝的裙子，那么就会显得比较平衡。

当然了，如果你觉得自己审美水平有限，想快速地提升着装水平，那就从最容易掌握的单色穿着开始吧。单色极容易搭配，具有垂直感，可以拉长人的身高，造成挺拔的美感。不过，单色穿着一定要变化质感或者透明度，才能够避免单调和沉闷。

同时，要想在着装上出彩，你也可以有意识地营造视觉中心，它可以是一件非常独特的饰品，也可以是领部或肩或腰部等的别致结构，也可以是颜色。视觉中心应优于最能表现优点的部位。比如，你的脖子很性感、漂亮，那就尽量围绕自己的脖子做 "文章"；如果你的胸部很迷人，可以通过项链或领型将视线往胸部引导；腰非常纤细、柔美，可通过服装的腰部设计或腰部饰品来强调。需要注意的是，视觉中心一般为一个，最多不能超过两个，否则会分散注意力，显得低俗而夸张。

> **· 魅力女人修炼法则**
>
> 女性平时完全可以通过逛商场来提升自我审美品位，逛商场可以让女人用时尚元素刺激自己对时尚永葆兴奋，一逛几个小时又等于锻炼了身体，既提升了品位，又保持了身材，可以说是 "一逛多得"。另外，当一个女人逛商场的时候，她对一切都充满了欲望和期待，这个时候的女人是精神矍铄的，气质自不必说。

84. 打扮穿衣最讲究 "黄金比例"

☆ 法国香奈儿品牌创始人可可·香奈儿说："穿衣装扮是一门建筑学，它跟比例有关。"

☆ 穿衣装扮最讲究 "黄金比例"，女人只有在了解自身身材比例的基础上才能大胆地表现自己的美丽，才能穿出独属于你的 "黄金" 风采。

穿衣打扮除了讲究和谐、自然外，还最讲究 "黄金比例"。也就是说，女人想要穿得更加的漂亮，不光是要会选衣服，还要了解自己的身材比例，这样才能够扬长避短，才能穿出独属于自己的 "黄金" 风采来。

现实生活中，拥有天生完美身材的人少之又少，正如中国古话中所讲的那样 "金无足赤，人无完人"，再出众的美女也常常有不为人知的缺陷，即使是古代的四大美女，她们也有着各自的烦恼。比如，素有"落雁"之誉的王昭君，她的肩膀窄小，穿衣服完全撑不起来，但是她经常披着毛皮制的斗篷，由于皮毛的蓬松，不但使她的削肩得到了隐藏，还因为雪白的围领和鲜红的斗篷衬托，反而更映得她五官秀美、眉目如画。

由此可见，了解自己的身材比例，能够有效地遮掩自己的缺陷，让自己看起来更为美观。关于自己的身材比例，你必须知道如下问题。

1. 你必须准确地知道自己的身高。

2. 你必须了解自己上半身和下半身的比例。

3. 你明确自己的三围吗？

4. 你清楚自己的体重吗？

5. 你知道完美身材的计算法则吗？

一般来说，了解自己的身材比例，最为重要的是要了解你的上身和下身的比例。

1. 如果你是3∶7身材比例的女人，那么，你就可以大胆地表现自己的美丽身材，选穿比较讲究设计的款式或材料较少的衣服，都能轻易展现你的"黄金"风采！具体可以有以下三种穿法。

（1）大胆表现"真材实料"——身材完好的你，大胆地穿少一点、贴身一点、火爆一点，彻底地展现你的好身材。

（2）甩不掉的迷人气质——大大的翻领很女性化，再搭配妖娆的针织裙和高跟鞋，使你走在路上，怎么走都有一股甩不掉的迷人气质！

（3）七分裤凸显下半身曲线——上重下轻的配色原则用在你身上，一样会凸显你的下半身曲线，春夏最流行的七分裤最能展现你美妙双腿的修长度。

2. 如果你是4∶6身材比例的大众美眉，那就要把腰线给强调出来。具体的穿衣搭配法则如下。

（1）深浅相间的配色原则：就算是同一色系，最好也用上半身粉嫩粉嫩、下半身颜色较深的原则来搭配。横条纹会缩短上半身的长度，让你的腿部看上去更修长。

（2）强调腰线的短上装：腰部有设计的短上装会缩短上身比例，令人看起来更窈窕喔。

（3）短洋装最美：内敛又端庄的及膝洋装，因为辨不出腰线的具体位置而给人一种视觉的统一感。没有洋装，选上下统一的面料和色调也有效果喔！而且短裙增加了腿的长度，令身材看起来更标准。

3. 如果你是 5∶5 比例的美眉，那该掌握最基本的穿衣常识。如果你属于手长型，可尽量穿长袖子衣服；手短的人则尽量穿无袖、短袖衣服。当然最重点部位在于腿的长短，除了尽量拉长腿部线条外，还可以用腰带来强调腰线。具体的穿衣搭配方法如下。

（1）选择小号一点的针织衫，稍稍包住浑圆的肩头，这样手臂会显得纤细、修长；裙子的深色系沉淀效果，可以令人看起来比较匀称收敛。整个人的四肢舒展，人也协调多了。

（2）可采用内深外浅的模糊效果。即一身黑色系，可以隐藏自己的身材比例，模糊别人的视觉，然后外面再加上一件粉亮及腰上衣，自然而然就营造出腰线的感觉了。

（3）强调细长上半身及有弧线的下半身，如果你显得很瘦，就可以选择这一种穿法。利用粉色紧身高腰针织衫搭配深灰色及膝裙，颜色会从下半身一直往上延伸。而露出来的小腿，也会帮你制造拉长腿部线条的视觉效果，就会符合大家的审美观了。

4. 如果你是 6∶4 身材比例的长身美眉，那么最忌讳穿低腰的裤子，你穿的衣服如果能包往自己的腰线就尽量包；服饰搭配原则以外观的整体线条取胜。所以，选择腰线明显的高腰洋装或上下深浅差异不大的组合可修饰下半身线条，使人感觉顺眼。具体的搭配穿法如下：

（1）有腰线及花纹的连身裙最适合长身美眉的了，但是，也不是任何一种款式的连身裙都好，要选择有腰线设计或花纹的款式最好。

（2）对比色的选用。深色的贴身长裤能很明显地显出腿形，再配上一件亮眼的全白针织衫，针织衫款式细长更富有女人味，让别人的眼光都只聚焦上半身。

（3）全身同一颜色（或图案）的套装（或洋装），是一种很好的保护色，一来不会强调腰线位置，二来全身统一会令人看上去修长。西服上有高腰设计的搭扣，会令人以为你的腰线很高呢！

• 魅力女人修炼法则

身材矮小的女孩不是穿一双高跟鞋、梳一个高耸的发型就能解决问题的。过于怪异的打扮不仅不会为你带来立体的气质感，反而会让你变得不伦不类。其实这种人应该选择简单而大方的直线条的衣服，衣服的颜色也要"清一色"地垂直下来。

身材高挑的女人似乎选择的衣服就会很多，但是建议不要让自己穿那种看起来更加高挑的衣服了，对于那些紧身衣以及冷色调的紧身裤都不要再选择了。其实，过膝的长裙以及宽松风格的大衣都比较适合。

85. 别让职业装成为阻碍美丽的"绳索"

☆ 美国职业网球运动员小威廉姆斯说："衣服不会造就美女，但能帮助造就美女。"

☆ 时尚似乎永远是一种时髦，与安安静静、温温柔柔的职业装走着不同的两条路线，职业装固定的模式与单一的款式会使职业女性的着装方式陷入一种沉闷的风格中，从而掩盖了女性特有的风采。其实，只要你懂得搭配，也完全可以在职业装上找到灵动与时尚的感觉。

也许很多女性看到书中的各式各样的服装搭配会很懊恼，因为身在职场中的她们，穿自由装的时间实在是太少，除了周末就是节假日了，因为平时在公司里面工作就必须要穿工作服，也就是所谓的职业装，而那些职业装无非就是黑、白、灰三种颜色而已，款式和品牌也无非就是那几种，于是，这种死板的穿着无疑成为了阻碍女性通向美丽之路的"绳索"。但是，如果你拥有极高的审美标准，完全可以通过细节上的点缀，将职业装也穿出时尚范儿来。

新雅是一个很时尚的女孩，虽然工作中对于职业装的要求很高，但是身着职业装并不影响新雅的时尚和流行，有的时候，她还能穿出自己的时尚感觉，让办公室里的同事对她羡慕不已。周一上班的时候，新雅穿了垫肩小西装，搭配简单的白色 T 恤以及黑色一步裙，很时尚也很有职场女强人的味道。这种西装看起来庄重，而且其流畅的剪裁非常"惹眼"，让新雅在众多同事的职业装中脱颖而出。

周三的时候，新雅上身是干练的白色小西装搭配灰色 T 恤，虽然略显单调了些，不过下身搭配了一条色彩亮丽的大红色裙子，这样既中和了上身的低调，也让下半身不再刺眼。她又一次地成为了同事们眼中的焦点。很多细节上的搭配让同事们总能看到一个不一样的新雅。

职业装有的时候看上去真的是乏味透顶，但是由于工作的需要，还不得不穿。职业装的样式相近，大同小异让很多女性都失去了对于时尚的追逐，其实有些时候，衣服不仅仅靠搭配，更多的时候，还需要一些小的装饰品。哈佛大学的研究表明，一些女性通常会用一些装饰品来搭配原本不抢眼的服装，比如在领口处佩戴一条黑色的领带，或者在腰间挂上一些饰品，胸口的部分可以放一些挂链，让职业装的整体设计显得干练十足。

有的时候，职业装真的是很难选择或者搭配，那么这个时候就可以选择用色彩来刺激一下单调的职业装，如果外面是黑、白、灰，整体看上去非常的灰暗，这个时候，你可以大胆地加入灰蓝、紫灰、浅灰或者深灰，也可以在灰色系中加入柠檬黄、浅蓝、浅粉等靓丽颜色的小饰品，这样不仅不会显得色彩单一，而且还会让灰色显得更加的纯粹，彰显女人独特的气质和魅力。

职业女性挑选职业装有三要素，不追求流行时尚、不能太过显眼、穿着方便。挑选职业装的时候有些试穿要点，女人们如果能好好把握，一定能穿出独属于自己的品位来。

（1）袖长。袖管保持在遮住手腕的长度，会让西服看起来很棒。西服袖口处露出1～1.5厘米的衬衫袖口为最佳。

（2）裙长。裙子长度不要太短、太暴露，开衩也不能太高，否则稍一动作就会很尴尬。一般长度控制在45厘米左右，开叉的长度不要超过10厘米。

（3）衣服的长度。西装上身的长度应在胳膊自然下垂时，微微弯曲的手指第1、第2关节所到达的范围内。另外，从整体平衡来看，能遮挡住臀部也是衣长的一条标准。

（4）胸围。最合适的胸围宽度应该是留有一个拳头的宽松度正合适。

（5）腰围。西裤或裙子的腰围不要过紧，要留有手指可以伸进去的宽松度。但是如果腰围过大，看起来效果也会不好，这点需要注意。太肥的腰围会破坏职业装的整体感觉，显得人很不利索。

（6）面料。一般选择纯天然质地的面料，毛纺、亚麻、真丝等，讲究平整、滑润、柔软、悬垂、挺括，而且应当不起皱、不起毛、不起球。

（7）口袋。无论是上衣胸部的口袋，还是侧面下部的口袋，如果口袋的上面有盖子的话，通常要将盖子放在里面，另外，不要在口袋的里面放太多的东西，这样会影响整体的协调感。

· **魅力女人修炼法则**

职业装不是阻止女人美丽的"绳索"，更不是爱美女性的束缚，职业装也能让女性显得更加的优雅和迷人，就像气质可以修炼，职业装也能改变它的单调。只要有一双善于发现的眼睛，注意细节，用心地装扮自己，职业装也能穿出自己的风采。

86. 穿上高跟鞋，你便能步步生辉

☆ 马诺洛说："女人就应该穿上高跟鞋，一双真正的高跟鞋，要能在舒适、品质和款式之间找到平衡点，进而从背影能看出腿部曲线的性感优美，女人就能变女神！"

☆ 在电影《重庆森林》中，金城武用领带为林青霞擦鞋，而且边擦边说："一个漂亮女人的鞋，不可以这样风尘仆仆。"高跟鞋是女人修炼气质必不可少的工具，同时高跟鞋也将美丽送给了女人，而女人将这种美回馈给了全世界。

☆ 著名设计师汤姆·福特有句名言："不穿高跟鞋的女人何言性感？"麦当娜更扬言道："给我一双高跟鞋，我就能征服全世界。"可见高跟鞋对于女性的重要性。

每一位爱美丽的魅力女性都该有一双甚至多双高跟鞋。一双与衣服相得益彰的高跟鞋，常常能给女人增加一份性感与成熟。而且，更为重要的是，高跟鞋让女人"高"出的不仅是身材，更是一份自信与独立。并不需要刻意地修饰与雕琢，这份高度便能让女人从家中的小鸟依人形象变成公众眼中独当一面的形象。可以想象，一个穿着高跟鞋的女人，当她们踩着铿锵有力的节奏，走出优雅，彰显出无比的性感和能力，哪个人能不为其心动，不被其征服呢？可以说，高跟鞋是女人征服男人，征服事业，让其人生"步步生辉"的绝佳利器。

贝嫂维多利亚·贝克汉姆一向是时尚的代言人，她对高跟鞋的热爱

大家有目共睹，Brian Atwood、Christian Louboutin、Miu Miu、YSL……她超级爱穿高跟鞋，属于不穿高跟鞋就不能出门的那一类女明星。

贝嫂仿佛练就了绝世轻功，哪怕再吓人的高跟鞋，她也能泰然自若，神情淡定地保持她的 Fashion 高姿态，而且还练就了穿上高跟鞋照样可以热舞如常的功力。可以毫不夸张地说，高跟鞋已经融为维多利亚身体的一部分，成为了她的造型符号。

当然，正是因为借助高跟鞋，只要一出场，贝嫂自然挺胸翘臀，高挑、性感、优雅的造型，恰是"迟迟春日弄轻柔，知是凌波缥缈身；腰肢轻摆，莲步挪移，曲线曼妙"，气场十足，实在诱惑，不知赚取了多少人的回头率。

世界上的女人气质各异，世界上的高跟鞋有千万种，但是穿上了高跟鞋，所有的女人都不可否认地更具女人味。

一个女人，即使没有模特一般的高挑身材，即使没有女明星的迷人气质，但只要选择一双彰显自己个人气质的高跟鞋，女人味就被提升到极致，散发出来的自信与风韵不言自明。

值得一提的是，选择高跟鞋的时候要非常慎重，穿高跟鞋时要讲究科学，才能淋漓尽致地演绎属于你的美丽。否则，不但不会成就自己的优雅形象，难以打造出女王"范儿"，反而会给自己的身体造成不必要的负担。

俗话说，鞋穿在脚上，舒不舒服只有自己知道，对于高跟鞋而言更是如此，要兼顾美观及舒适，并非想象中的那么容易。所以，以下我们为你拟出挑选高跟鞋的必读攻略，不如对号入座，选出最适合你的那一对。对通常的女性来说，5～7厘米是最受欢迎、最安全的美丽高度，穿起来既不会摇摇欲坠，又显得颇为优雅，能产生高挑挺拔之效，特别是5.5厘米的鞋跟，性感、易行走，就算是偶尔需要狂奔的时候，也能够轻易驾驭。

平日里，有些高跟鞋的脚步声，不止是后跟落下去的那一下，还伴随有后跟在地上短暂的拖拉声。听到这种声音，别人会以为你一定是走累了，或者是正有什么不开心的事情，垂头丧气。要知道，一个没有精神的女人很难有吸引力。女人穿高跟鞋的时候是袅袅婷婷的，要尽量将脚抬得更高一点，高跟鞋在地上应该是一步一个干脆利落的声音。一声声清脆又有力度的"咚，咚，咚"的高跟鞋声，会让别人情不自禁地联想到你是一个精神十足、热情洋溢、充满自信的女人。这样的女人，无论走到哪里，都会成为独具吸引力的"焦点"，其人生也必定是"步步生辉"的。

总之，高跟鞋会让女人产生独特的自信，从脚底升腾出新鲜感与时尚感，脚上的魅力一定会为你赢得更多的赞叹和尊重，让你的气质变得与众不同。

· 魅力女人修炼法则

很多女人穿上高跟鞋后，总是爱弯着膝盖走路，这样固然能减少对膝盖的冲击，特别是那种鞋跟高且前掌比较薄的鞋子。可是，舒服归舒服，整个人却呈现出一副很难看的样子，再加上要保持平衡，肩背微微弓起……实在是大煞风景。想让高跟鞋成为提升魅力的关键，那么不妨在平日里多练习一下走路的姿势。最最重要的一点，一定要挺直你的膝盖。

87. 饰品：美女都离不开的时尚"道具"

☆ 张曼玉说："我做运动的时候，小的首饰会一直戴着不脱下来，连洗澡的时候也是。我喜欢铂金的首饰，是因为铂金不会氧化发黑，而且有种微微闪耀的光芒，不会抢我的风采。"

☆ 饰品不仅是女人亲密的伴侣，也是女人时尚的标志，一个完美的女人最懂得选择适合自己的饰品去装点自己。可以说，饰品是女人心灵和品位的形象代言，女人都应该拥有一些能使自己变得更完美的饰品。

身高仅有155厘米的美国街拍女星妮可·里奇，相貌算不上是出色，但她却被称为时尚的代言人，曾多次被美国、英国等著名的时尚媒体评选为最佳穿着女星，是众多潮人效仿的对象，她的造型甚至让众多女明星们都趋之若鹜。

如果你仔细看妮可·里奇的街拍照，你会发现，几乎每张照片上的她，都戴着一副大大的墨镜，令人感觉到这个女人气质逼人。可以说，各式各样的超大墨镜，就是她征服众人眼球的秘密武器。妮可·里奇曾经称自己已经拥有超过200副的太阳镜了。

要提升自我魅力，就要学会如妮可一般，善于利用适合自己的特殊"道具"，注重细微之处创造的美丽。恰到好处的装饰会让你熠熠生辉，或娇艳或高贵，或时尚或个性。

一般来说，佩饰主要分为三类：第一类是首饰，通常泛指那些全身的小型装饰品，主要包括耳坠、项链、手镯、戒指、发卡、头簪，等等。在现代生活中，眼镜、手表、胸花、发带之类也延伸到首饰系列里。第二大类是衣饰，一般指项巾、领带、腰带、头巾、披肩、纽扣等，它们的艺术魅力主要来源于色彩、图案、质料或造型，能产生多种艺术效果。第三大类是携带物，诸如挎包、提包、雨伞、扇子之类，如今这些实用性的物品，正日益起着不能忽略的装饰作用，带来了意想不到的艺术情趣。

不同的佩饰会赋予和诠释女人不同的风格和个性，在各种不同情境中扮演不同的角色。唯有掌握好情境搭配法则，学会艺术地搭配，才能将自我的独特气质诠释得淋漓尽致。与穿衣法则一样，要选择适合自己的，而非最好的。佩戴饰品时，一定要考虑点、线、面与自我肤色、体形相和谐。比如皮肤黄的女性，适合暖色调的珠宝首饰，比如可以选择红色、橘黄色的宝石或石榴石等。身材矮小且瘦弱的女性，则适合佩戴细小的项链，而不适合佩戴粗大或长长的挂件；如果身材矮小且略微发胖的女性，可以选择流行时尚感较强的手袋来搭配。

一般来说，女性在一些较为隆重的场合最好不要佩戴廉价的饰品。不过，在一些普通的聚会场合也可进行巧妙的搭配。比如，用高档的配饰再配上普通的服装，可以提升服装的品质和品位。将高品质的服装与低廉的配饰配在一起，可以提升配饰的品质。如此佩戴，你的气质便会不柔不硬，恰到好处，会令人情不自禁地着迷。

总之，气质女王有时不需要化很浓的妆容，绾很精致的发型，只要依据自身的气质搭配合适的腰带和腰链、皮包、手机挂链、发饰胸针等，一点点小小的改变就可以很好地衬托出美丽而优雅的气质来。

• 魅力女人修炼法则

需要指出的是，配饰只是起到画龙点睛的作用，用于调节着装，使之与自己所要展现的气质更为合拍。因此，我们要本着宁缺毋滥的原则，不要为了饰品而使用饰品，一两件是精巧的装饰和点缀，多于三件则显得庸俗，会破坏自己的气场。

形态优雅的女神是"塑"出来的

　　一个有魅力的气质女神，除了会穿衣装扮，注重生活品质外，还具有苗条的身影、婀娜的体态与美妙的曲线。女人的完美曲线形体是任谁也无法抗拒的利器。当然了，拥有傲人的形体却"站没站相，坐没坐相，吃没吃相"，这样的女人也会令自己气质和魅力全无。优雅的姿态，就像一个无形的精灵一样，会紧紧地抓住人们的感官，悄悄潜入人们的心灵，从而给人留下难以磨灭的印象。当然，女人优美的形态是"塑"出来的，学会有意地"塑"自己的形态，那你便能成为优雅的女神。

88. 纤细美腿是可以"塑"出来的

　　☆ 美腿天后莫文蔚说："拥有纤细紧实的美腿是所有女人的梦想，女人有美腿，才拥有不一样的美丽。"

　　☆ 对于女人来说，对美丽最大的亵渎就是拥有一双"大象腿"，它会严重损害你的气质，让你的美丽在瞬间消失。

　　☆ 有些人可能单纯是肥腿或壮腿，有些人可能是肥腿兼浮肿，或壮腿兼浮肿。仔细观察一下自己的状况，捏捏看自己的腿，想想自己的生活习惯。针对不同的肥胖腿，你该有不同的功课要做。

一双纤细的美腿可以尽显女人美丽的风采，彰显女人绝佳的气质。被称为"美腿天后"的莫文蔚拥有一双多令人羡慕的纤细的美腿。她修长的大腿，纤细而富有弹性和光泽。当然了，对多数女人来说，要塑造纤细美腿并不是件容易的事，你平时不仅要注意矫正走姿，还要结合一些体育锻炼，双管齐下才能"塑"出美腿来。

当然，要瘦腿，你要先明白"美腿"的标准。要知道，并不是说越细的腿越漂亮，而是要与自身的腰围、臀围成比例才好。有一些官方的数字可以帮助女性们计算，自己的腿和美腿的差距：

（1）最美的腰围：身高×1/2－20 厘米

（2）最美的臀围：胸围＋4 厘米

（3）最美大腿围：腰围－10 厘米

（4）最美小腿围：身高×0.21

计算过后，女人们要面临的就是如何将自己变成这种完美的女人。首先，关于如何瘦腿，每个人都有自己不同的方法，当然，只要不会损害健康的瘦腿方法都是值得推荐和学习的。有哪些腿型是有碍身材和气质的呢？脂肪腿、肌肉腿、浮肿腿三种，对症下药更容易将大象腿变成美腿，接下来，你便可以采取以下的方法进行塑腿。

1. "三多，三少"多快走、多纵跳、多抬腿，少坐、少站、少蹲。

一个人每天运动量的最低限度应该是消耗 3000 大卡的热量，这正好与步行一万步所耗热量相当。快走的好处是减少对膝关节的冲击，另外，纵跳是锻炼身体的协调度，抬腿运动可以收紧大腿，减小腹，可以迅速让你身材变漂亮。常常坐着的人，臀部会变肥，另外腿部的肌肉得不到锻炼，时间长就很容易发胖。经常性站立的人易患静脉曲张，不仅对健康不利，还会严重地影响腿形。避免总是蹲着，这样可以防止下肢血液循环不畅，让腿部看起来不肿肿的。

2. 空中蹬自行车，促进腿部血液循环。下班回到家中之后，每天坚持养成空中蹬自行车的好习惯，每天半小时，做的时候动作一定要到位，该伸直和弯曲的地方一定要伸直或者弯曲，这样可以增加腿部的血液循环，还可以减掉腿部的赘肉。

3. 拍打可以瘦小腿。平时可以坐在地上，将一只脚抬高成直角，用拳头拍打小腿，坚持做 5 分钟，或者可以将小腿抹上浴盐，进行拍打，加速血液循环，还可以瘦小腿。

4. 加强消脂收紧工作。将脚的前端置于高台，脚尽量地向下压。然后小腿用力地向上踮起，有节奏的重复动作 20～30 次，做到有些酸疼效果是最好的。平躺在地，脚向上伸直与身体呈现 90 度，反复平伸脚掌同时向下压，重复动作 40 次，能收紧小腿，令小腿的线条更加的修长。

拥有一双美腿不仅仅是 T 台上的模特的需求，也应该是所有女性的需求。美腿的修长和纤细让女人看起来更加有韵味，同时也会让女人看起来更加的性感。有些时候，拥有一双美腿是为自己的美丽增值，更是为自己的气质加分。

· 魅力女人修炼法则

女人要瘦腿，除了运动，还可以食疗。女人在平时应多食一些富含维生素 B 和维生素 E 的食物，维生素 B 族加速新陈代谢，维生素 B_1 可以将糖分转化为能量，而 B_2 则可以加速脂肪的新陈代谢，多吃维生素 B 丰富的食物，如冬菇、芝麻、豆腐、花生、菠菜等。另外要尽量少食用过咸的食物，盐的食入过量，会导致体内水分的积存过量，导致水肿而且聚集在小腿上。另外还要多食入一些含钾的食物，比如香蕉、番茄、西芹等。

 89. 迷人的魅力全部都"藏"在细节之处

☆ 女人最具魅力的地方全部都"藏"在神态上，一个女人如果没有好的神态，美丽将会大打折扣。

☆ 有人问靳羽西："你认为女人的魅力与所谓残酷的时间是什么关系？"靳羽西说："魅力与年龄无关。漂亮的女人是不可以有皱纹的，但魅力的女人不同，即使有皱纹，她依然美丽，而且是那种内外兼具的美，在举手投足间便能让人感受到。我对年龄没有特别的感觉。像撒切尔夫人和希拉里·克林顿，她们并不年轻了，但看起来非常美丽。"

一个女人的魅力往往都"藏"在一些看似微不足道的细节处。对于女人来说，外在的美丽只是一时的，会让人在审美疲劳中渐渐褪去。而体现在细节之处的魅力，则会随着岁月的流淌而不时地闪烁着迷人的光芒。有一位见过宋庆龄的人这样说："即使到了80岁。她依然是非常美丽的，头发整齐地梳到脑后绾成一个髻。妆容非常精致。"宋庆龄的美不但因为天生丽质，也在于注意细节，每次出现在大众视线中的时候，她都是完美的。

女人的细节常常体现在神态上，一个女人如果没有好的神态，美丽就会大打折扣。

李渔在《闲情偶记》里说过这样一件事：

一次郊游路遇急雨，他与众人都到路边一小亭中避雨，这时有个三十几岁的妇人，也赶来避雨，看到亭中人满，并不强挤进来，而是在亭檐下站定，衣衫已湿，却不当众擦拭，落落大方地站在雨中。雨毕，众人皆散去，唯有她看一看天气，并不离开，果然少顷骤雨又下，众人急返而回，她自动退让于亭子一角，并帮助别人整理被雨打湿的衣衫。李

渔写道：亭子里多有衣着光鲜的贵妇和美丽动人的少女，但是她们与那位衣着寒伧且已不年轻的女人比起来皆失了颜色。

　　神态所体现出来的魅力是很具有感染力的，是能打动人心的。当然了，女人要想有好的神态，就必须在平时注重自己的修养。美好的神态因人而异：有的女人沉默而矜持，有的性感而妩媚，有的善解人意，有的活泼开朗，有的睿智冷静……只要能够保持自己的特色，各种神态都是美丽的。

　　有一位演艺界的名人曾说过：美丽其实是非常难的。你可能一切都做得非常好了，但是却因为一句话、一个小动作而让你的美丽顿时失色。这话有些残酷，但事实就是如此。

　　梦雅是个爱美的女子，年近40的她对岁月的恐惧感越来越强。每每望着镜子中容颜消退的自己，都会唉声叹气。一天，梦雅在公交车上看到一位老人，她穿着干净素雅的纯色唐装，一头整洁的银发绾成一个发髻，戴一对赤金的耳环，坐到她身边，身上还带有淡淡的清香。在一个车站，一个抱孩子的妇女上车，梦雅马上起来给这个妇女让座，这时坐在一边的老太太便站起来拍拍她的肩膀，示意让她坐在自己的位置上。"我快到站了。"老妇人用温和的声音说，并且微笑着称赞她是一个好人。老妇人的微笑慈祥中带着几分天真，让梦雅一下子被震撼了，她忽然意识到原来变老并非是件可怕的事，只要心中不放弃对美的追求，即便是在白发苍苍的年纪，也一样可以美丽、优雅。

　　由此可见，一个不经意的神态或动作，就能最大限度地体现出女人的修养和美丽来。奥黛丽·赫本说："魅力的双唇，在于友善亲切的言语；一双可爱的眼睛，在于探寻别人的优点；一头美丽的秀发，在于每天有孩子的手指穿过它；一个优美的姿态，来源于与知识同行而不是独行。"祥和的姿态与神态是女人的美丽与魅力。可以说，祥和亲切且带有善意的神韵美可以掩盖女人身上的不足之处，能焕发出强大的魅力来。所以，在生活中，女人千万要注意这个细节，以免让自己失去这个美好的形象。

> **• 魅力女人修炼法则**
>
> 生活中，这些小细节也是让你魅力十足的法宝：
>
> 1. 在与人约会时，你可以托着自己的腮帮子不说话，仰着头，深情地看看天上的星星，或者云彩，做沉思状，人往往会对有思想有深度的女人爱而敬之。
>
> 2. 接到爱慕者的电话，一定要等铃声响8次后再去接听，不要太焦急，哪怕你是那么想听他的声音，这样你就会给对方留下神秘感，从而增强你的吸引力。
>
> 3. 学会职业性的微笑。当你穿着职业装与人见面时，一定要保持微笑，这样在严肃的同时又彰显了你的亲和力，会让你散发出迷人的魅力。

 ## 90. 不能站如"松"，也不要站如"弓"

☆ 有人说："在人际关系中，站姿是一个人全部仪态的核心，所谓站有站相，一个人的站姿不仅能显示这个人的气质和风度，也是这个人内心真实的体现。"

☆ 有魅力的美丽女人，首先要有挺立的"站相"，当然不是让你站军姿。站立时双脚并拢，把身体的重心放在双脚大拇指的根部，放松膝盖，收腹，脖子要伸直，头尽量往上顶。这种站相能提升女人的气质，彰显出其较好的精神面貌。

优雅的举止或动作的基本功在于姿势，学会优雅的站姿更是成为优雅气质女人的第一步。在生活中，女人一定要站出素质、站出魅力来。生活中，你是会被一个打扮时髦、弓腰驼背的青年吸引，还是更容易被

那些穿着军装、体态端正、昂首挺胸的士兵吸引呢？站要有站相，在现实的生活中，我们总能遇到这样的女人，她的气场很强大，当你仔细捉摸的时候，就会发现这个女人抬头挺胸，虽然达不到"坐如钟，站如松"，但是，绝对不会站着没有几分钟就开始乱动，一会儿踢踢腿，一会儿扯扯衣襟，最后再理理头发。

一个女人无论她多么优雅和有气质，只要她站着乱动，搔首弄姿，把自己的情绪和精神松懈下来，她都毫无美感可言。一个女人想要有气质，就不能表现出懒散，不能把自己苦苦修炼的气场全部打散，那么这个站姿应该如何修炼呢？在家的时候，你可以自己练习，背靠墙，要求脚跟、臀部、两肩、后脑勺都贴着墙，两手自然下垂，两腿并拢成立正姿势。这样练习后，你的身形会有明显的线条感，从而更加突出你的气场。

雅淑是一个很漂亮的女孩，说话的声音又很甜美。在公司里面她总是一副优雅从容的样子，为此很多同事都背地里叫她"大明星"。她个人的气场很强大，很多女人平时都暗地里学她。

有一天下班后，小李和珠珠在地铁等车，珠珠忽然看到了一个长得很像雅淑的女人，然后立即拉着小李追赶过去，在离雅淑不到100米的地方时，珠珠和小李都停下了。眼前很随意地靠在铁栏边，一副垂头丧气的样子的女人，居然是昔日的气质女神雅淑，两个人都不敢再看，不敢相信自己的眼睛，也许是雅淑上了一天的班太累了，但她在大家心中完美的形象彻底被颠覆了。

很多时候人的气场都来自精气神，当一个气质优雅的女人把自己的精神放松下来的时候，她懒散随意的样子便会深入人心，站姿松松垮垮，毫无气质可言。女性的举止，反映着她的修养和自信心，一个举止大方得体的女人，会让自己的气质更加饱满充盈，同时也会形成一个自己独有的个人风格。

英格兰文艺复兴剧作家、诗人和演员本·琼森说过："搔首弄姿地做出过分优美的动作，只能让人觉得你很做作虚伪。"所以，女人站要有站相，站住了就不要乱动。当然，站在那脖子伸得老长，胸挺得像只好斗的公鸡也很不好，有些女人总是喜欢把头仰向天，显示自己的自信，其实，这样无形之中也增添了自己与他人的距离感。

中国人自古就讲究"站有站相"，可见，一个人通过外在的表现给大家带来的内心感受是多么的重要。一个故作忧郁或者扮可爱的女人，不会有什么气场和魅力可言。当然，我们要做到像军人那样是不可能的，但是不能站如"松"，至少也不应该站如"弓"，女人的气质是靠自己慢慢地培养出来的，平时的一言一行、言谈举止都体现了一个女人的内心世界，所以，女人，再好的气场也需要继续锻炼保持，气场的延续和保持是一场持久战，不要松懈，更不要放弃。

> **· 魅力女人修炼法则**
>
> 女人在站立时，双脚打开站立或双手环抱胸前的姿势，看起来都不雅观。女性的基本站立姿势是双脚并齐，脚跟、脚尖并拢。为了让自己每时每刻都看起来优雅，女人一定要勤在镜子前检查自己的姿势。或者利用街头的橱窗来随时随地检查自己的姿势也可以。不仅是姿势，如果能养成每天确认自己服装、表情等习惯会让你更优雅和端庄。

91. "摇曳"生"姿"，走出你的"优雅范儿"

☆ 一个"摇曳"起来便处处生"姿"的女人，即便穿着不时尚、外貌不出众，也能在人群中脱颖而出。

☆ 热纳维耶芙·安东丽·德阿里奥说："优雅是一种和谐，非常类似于美丽，只不过美丽是上天的恩赐，而优雅是艺术的产物。一个真正优雅的女人就算只是静坐不语，那种超然与随意已足以让众人的视线停驻。"

☆ 英国的著名影星奥黛丽·赫本曾经说过："若要优雅的姿势，走路时要记住，行人不止你一个。"

有人说，女人的千娇百媚是"走"出来的。我们可以想象，一个打扮入时，"摇曳"生"姿"的女人，仅看其身影，便能让人心生向往，念念不忘。所以，要提升个人魅力，就一定要纠正你不良的走姿，塑造属于自己的"优雅范儿"，进而才能在人群中散发出强大的气场，吸引万千人的目光。

在《阮玲玉》这部电影中，张曼玉的走姿给人留下了深刻的印象。还记得这样的镜头吗？她高挑的身材，穿着单薄的旗袍，走在幽静的小巷子里，轻盈的走姿凸显了她美好的身段，任何看过这个镜头的男人，都会心旌摇动，真切地感受到女人真是高贵而迷人，倾倒众生，这就是走姿所带来的迷人魅力。

据说，为了演好阮玲玉这个角色，张曼玉曾在多面镜子前苦练走路，最终出神入化，让观众分不清她是张曼玉，还是阮玲玉。在现实生活中，这位美女明星尽管淡出荧屏已久，行事低调，但只要她出现就能以优美的走姿攫取世人的注意力。

试想，一个女人如果走路时弯腰驼背、低头无神、脚步拖沓、步履迟缓，甚至八字脚、"鸭子步"，或者肩部高低不平、双手过于摆动，你是不是觉得她无精打采、没有自信、缺乏风度？那她的气场便是虚浮的，没有力量的，这样的女人是毫无气质和魅力可言的。

你可以回想一下：自己平时是如何走路的？你的走姿能体现出你的气质来吗？不可否认，走姿可以彰显出一个人的气场，女人要想在气场上胜人一筹，成为众人注目的焦点，就要掌握"摇曳"生"姿"的要点。

1. 抬头挺胸带着自信走路。

在《红楼梦》里，关于林黛玉的走姿有这样两句描述："闲静时似姣花照水，行动处如弱柳扶风。"古人看美女走路以柔弱娴静为美，因为这样的女子更能牵动男子的心，激起男人心中的保护欲。不过，现代社会的女人独立、自主、坚强，已不用像林妹妹那样，而要面朝前方，双眼平视，抬头挺胸，带着自信走路，不要惺惺作态、故作扭捏，自有一种迷人的气场。

2. 步幅应小，步速要紧，步姿轻盈。

以此走姿行走时，给人以文静、典雅、飘逸、玲珑之感，宛如"小夜曲"。尤其是穿长裙或旗袍时，你会发现身体被拉高，曲线更漂亮，女性的曲线特征明显起来，气场也瞬间被放大了。

为此，你可以穿上一双 6 厘米左右的高跟鞋，你会感觉胸部挺起，腹部内缩，整条腿向后倾斜，腰明显塌下去，臀位明显提高翘起，小腿也变得饱满起来，脚背呈漂亮的方形，脚好像小了许多，走路的步子自然也就变小了，一副楚楚动人的样子。

3. 使自己走在一定的韵律中。

两眼前视，昂首挺胸，肩平不摇，干净利落地摆动两手，膝盖和脚腕都要富于弹性，具有鲜明节奏感，使自己走在一定的韵律中，犹如模特儿的走姿，这给人一种矫健轻快、从容不迫的动态美，气场呼之

欲出。

事实上，无论年龄多少、性别为何，人们都比较偏爱走路姿态轻盈快捷的人，而决定这种走姿的，就是走路时的韵律，具有鲜明、协调的节奏感，能够使人感到我们是缕轻柔的春风，妙不可言。

4. 在假想中强化自我训练。

有气势的走姿非一日之功，要靠平时自我养成。平常你可以训练自己，在地上画一条直线，你可以假想自己是名模特儿，直线是你的 T 形舞台，目不斜视，旁若无人，走在一条直线上，这样看起来就有气势多了。

5. 心态影响步调，时刻调整情绪。

走姿虽然取决于人的秉性，但与人的心情也有密切关系，它如同舞场的旋律，是为情绪打拍子的。与其说是走路轻、重、缓、急、稳、沉、乱等，不如说是人的内心或稳定或失衡、或恬静或急躁、或安详或失措的状态。

所以，不必刻意去研究怎么样走路更有气势，那些只是外在的，根本学不出那种由内至外散发出的逼人气势。一旦不注意的时候，走路的姿势就会随着你内心的变化而发生相应的变化，进而打乱气场。

走路时，最主要的是你要把自己的心态调正，保证稳定的情绪，抱着积极乐观的态度，还要有充足的信心，走得稳而且直，这样走起路来自然就会有气势，而这种气势往往也最真实、最能感染人。

> **· 魅力女人修炼法则**
>
> 其实，女人的走姿千姿百态，没有固定模式，或矫健轻盈，或庄重优雅，或精神抖擞，但只要能够增添女性健康、贤淑、温柔、高雅之魅力，表现自身的风貌，表现自己的个性，那就是走出了自己的气势，就是最美的。

92. 坐出仪态万千的"女皇范儿"

☆ 漂亮最先看脸蛋，品位最先看发型和鞋子，气质最先看举止。

☆ 亚里士多德说："艺术的目的不是要去表现事物的外貌，而是要表现事物的内在意义。"

著名作家柏杨说过："真正天生的美女并不多，而且天生丽质的美女，如无训练，往往索然无味。"有吸引力的女人并不全靠她们的美丽，也靠她们的气质，包括风度、仪态、言谈、举止以及见识。女人如何做到有气质，坐姿也是一项重大的问题。你如果仔细观察就会发现有气质的女人都是"坐有坐相"的。

一个随意依靠周围的柱子或者瘫软在椅子上的女人，怎么样看都不会有气质，女人是可以坐出仪态万千的"女皇范儿"的，一个女人的气场不一定需要事业有多成功，外表有多漂亮，只要是注重自己的言行举止，就能够体现出良好的修养。一个优雅的坐姿对于女性的气场非常的重要。

那么怎么样才能够练就坐着也能坐出气质，专家给出了几点建议。

（1）坐着的时候，最忌讳的就是双腿乱抖，或者把自己的双手放在两腿之间。即使是要跷个二郎腿，也要记得不要将自己的鞋底亮给对方，这是一种非常不礼貌的行为。

（2）坐在椅子上的时候，最好是臀部坐满椅子的1/2，双腿可并拢，也可一条腿搭在另一条腿上，上半身可以稍微地向自己的前方微微倾斜。两肩要平，说话的时候下巴要微抬，目光直视。

（3）上半身后仰，靠在椅子或者沙发背上，双手随意地放在自己的

大腿上，两条腿可以自然地平放在地上，切记不要抖腿，这是种不雅的行为。在古代有句很有名的话说："男抖穷，女抖贱，人抖穷，树抖死。"其实不抖腿也是一种社交礼仪。

（4）优雅的坐姿还可以是臀部只能坐椅子的1/3，两腿分开的角度不能太大，双腿也可向左右两侧一起倾斜，说话的时候，不要手舞足蹈，这样也可以坐出气场。

在坐姿中最忌讳的也许就是将臀部坐在椅子的1/2处，还要背靠椅子背的全部，两腿完全敞开，甚至还有用手挖鼻孔。其实优雅的坐姿不仅仅是在公众的场合需要注意，即使是自己的家中也要注意，因为很多好的习惯都是在日常生活中慢慢培养出来的，所以气质的修炼是一项日积月累的工夫。

> · **魅力女人修炼法则**
>
> 女性坐姿禁忌：
>
> 1. 避免抓耳挠腮、摸眼、捂嘴等具有说谎嫌疑的动作。
>
> 2. 避免双臂交叉抱在胸前，它表示抵触、抗议、不屑一顾、防范。
>
> 3. 不要做不必要的身体移动，这样会显示出你紧张、焦虑的内心世界。

 **93. 你在品味食物，别人也在品味你**

☆ 餐桌上的举止是对一个人的礼仪和修养的考验，你的事业或工作机会可能会在餐桌上发展起来，也有可能会在餐桌上跌落或消失。

☆ 英国文艺复兴时期最重要的散文家、哲学家、思想家培根说过："形体之美胜于颜色之美，而优雅的行为之美又胜于形体之美。"

餐桌上的举止是对一个女人礼仪和修养的考验。女人要提升自我魅力，一定要时刻提醒自己，餐桌上的活动不仅仅是为了填饱肚子。如果你平日里不注重自己的礼仪和举动，或者缺乏餐桌礼仪的知识，那就会当众出丑，破坏你的形象和气质。

生活中，很多体面的机构在雇人前的最后一关，会选择在餐桌上观察。他们会在录取你之前，客气地请你去高档的餐厅进餐。不过，千万不要得意忘形！你在品味食物的同时，别人也在品味你。从开始到结束，你的一言一行、一招一式都将在别人的仔细的品味之中。你如何点酒，点什么样的酒，你点什么主食和大餐，他们会像一个心理学家一样观察你和研究你，会根据你的行为止举对你的出身、修养、品位、性格、爱好等进行判断。其实，这一切在你还没有坐在桌前时就已经开始了。从你入门时起，你的举止就开始反映出你的形象，你如何进门，如何就座，你在各种气氛下如何表现，都在告诉你他们是个什么样的人，会如何应付社交场上的活动，是否是个有修养有气质的女人。

很多女人可能都有这样的疑问：不就是吃个饭嘛，干嘛要整得那么庄重？我怎么变粗俗了呢？吃饭怎么就影响外在的美丽了？吃个饭怎么可以反映出一个人的修养呢？这些问题你该扪心自问，如果你看到如以下的几个有损个人形象的行为，你会作何感想呢？

1. 在吃饭的时候，由于够不到菜，会把筷子伸得老长，有的时候还会撅起屁股去夹菜。

2. 喜欢在菜盘子里翻来翻去地找自己喜欢吃的东西，然后把自己喜欢吃的都堆放在自己的碗里。

3. 将自己咬过的菜放回菜盘子，或者吃鱼、啃骨头的时候将鱼刺或者骨头直接地吐在桌子上。

4. 当着饭桌的正面并且是毫不避讳地打喷嚏或者咳嗽。

5. 吃饭的时候用嘴咂摸，发出响声，喝汤的时候发出吸溜的声音，或者对着汤猛吹气。

6. 由于桌上的菜很多，犹豫自己夹哪个菜好，用筷子点过一圈，没夹菜，反而将筷子放入口中咬了咬筷子头。

7. 遇到自己喜欢吃的菜，很贪婪地一夹再夹，还不停地舔勺子，吸吮筷子。

8. 口中有菜的时候，听到饭桌上有人讲了自己感兴趣的话题，还没将口中的菜咽下去就急忙说话。

可以想象，你如果看到一个美女在餐桌上有这样的行为，那么，无论她长得再漂亮，妆容再精致，打扮再入时，你也会觉得她毫无气质和修养可言吧！所以，要在交际场上成为众人眼中的气质逼人的魅力女人，就在平时改变自己在餐桌上的一些不雅行为吧！只要平时养成了习惯，在任何场合，你就会经得起别人的品味，成为有良好修养的优质女。

艾丽丝最近很是郁闷，她看中了一个金融方面的工作，经过层层的选拔考核，过五关、斩六将，终于快被录用了，没想到最后却在餐桌上栽了一个跟头。

艾丽丝是金融界的高手，在两天之内通过了某个银行的八关测试，面试官对她的表现非常满意。这也就意味着，她将拥有一份年薪高达50万美金的工作。但是，在中国没有练足"洋餐"功夫的她，在第二天中午的午餐上出尽了"洋相"。

艾丽丝点了自己最熟悉的意大利粉，这是餐桌面试的"点餐之忌"。意大利粉就连意大利人都需要全神贯注地用刀和叉熟练地配合才能够进入口中，而从小在中国长大的艾丽丝本来心情就紧张，再加上她对刀和叉使用很不熟悉，当那长长的面条在快进入口中时，突然落在她的套裙上。餐桌上的失控使她感到尴尬万分："我的紧张和窘迫使我无法正常用餐。"最终，艾丽丝也因此失去了这次工作机会。

由此可见，餐桌上的礼仪和形象千万不能轻视，也许你的一个不经意的动作，就可能会断送你的前程，毁掉你的未来。"餐桌上最能看出一个人的教养"，这话是极有道理的。一个优雅的魅力女人，绝对会在平时就练就良好的用餐习惯，改掉自己不优雅的动作，在任何场合都会潇洒自如地成为别人眼中“秀色可餐”的一道风景。

• 魅力女人修炼法则

1. 在餐桌上，无论食物多么美味，都不要用“叭叭”的响声来赞美。

2. 喝汤时，不要发出“咝咝”的声音，把汤送入口中而不是吸入口中。

3. 适量地把食物送入口中，不要像饿汉一样让口中塞满食物。

4. 不要把咽下的食物在众目睽睽之下吐出。侧在一旁，在不引人注目时吐入餐巾纸内。

5. 不要坐立不稳、弄手抬脚，把餐具弄得叮当响，也不要像动物一样下手抓食物。

94. 千万别伸出你“死鱼”般的手

☆ 加拿大形象设计师说：“握手是陌生人的第一次身体接触，这五秒钟意味着经济效益。”

☆ 一个无力的、漫不经心的或错误的握手方式，立刻传达了十分不利于你的信息，让你无法用语言来弥补，它在对方的心中留下了极为不利的第一印象。

☆ 双手握紧对方手的人，体现出其超人的热情和极度盼望的心情，这种被称为手套式的握手。它表现了对被握手人的亲密和渴望，它能缩短或者消融人与人之间的距离，给人留下一个热情、诚恳、平易近人的印象。

魅力女人，一定要学会的一项肢体语言便是握手。有的女人可能会说，握手本是个极简单的动作，还有什么讲究吗？当然了，在社交场合，握手直接传达了你的个性和心理状况，而这些都决定了他人对你的

喜欢程度。很多女人，在见人第一面，都会伸出一只冰冷、僵硬无力的手，像死鱼一般。形象大师英格丽认为，这是全世界最憎恨的一种握手方式。这种"死鱼"式的握手，让人觉得像是抓着了一条死鱼一般，会让人立即能感受到被拒绝、被排斥，这是最没有礼貌、最破坏个人形象的握手方式。这种握手会让对方感到你性格冷淡、虚弱、傲慢、无礼、愚蠢，让人反感。可以说，"死鱼"式的握手方式，是破坏女性个人魅力的"隐形杀手"。

很多女性可能认为，这种"死鱼"式的握手方式，显示出女性的优雅和矜持，矜持和高傲不就是女性身上一种特有的魅力吗？但是，你要知道，在交际或一些商业活动中，你的矜持和高傲只会破坏你的形象，让你丧失商机或者晋升机会。同时，也会让人对你产生不好的印象。

玫琳凯化妆品公司创始人玛丽在当推销员时，有一次，销售经理召集他们开会。会议结束时，大家都希望同经理握握手。

玫琳凯也非常崇拜这位经理，但是由于想和经理握手的人太多了，玫琳凯排了 4 个小时的队，才与经理见面了。然而，让玫琳凯较为失望的是，经理在同她握手时，根本没有正眼看她一眼，只是简单地伸出手后，不到三秒钟就松开了；而且在握手时，她还侧过身去看她身后的队伍还有多长。自尊心深受伤害的玫琳凯下定决心：如果有那么一天有人排队等着同自己握手，自己一定要将注意力全部都集中到对方身上，不管自己有多累！

后来，玫琳凯成立了自己的公司，名气也逐渐大了。她多次站在队伍前与很多人握手，有时候要持续好几个小时。但无论多累，她总是牢记当年自己排那么长的队在等候那位销售经理握手时所受的冷遇。她与别人握手时，总是全神贯注，并且会握紧对方的手，从力度到时间她都掌握得恰到好处，而且还面带微笑。

这样的握手，使数百人都觉得自己是重要的。后来，她的公司就成为全世界最为引人注目的化妆品公司之一。

一个优雅的有修养的女性，在任何场合，无论自己有多忙、多累，都会向他人伸出她温暖的手，紧紧地握着对方，上下摇动，像对待多年未见面的老朋友一般，而且面带阳光般的笑容，让对方完全被其热情所融化，给人留下良好的印象，也为自己赢得良好的机会。

而相反，一个总向他人伸出"死鱼"般冰冷的手的女人，毫无修养和魅力可言，这只会让她们失去难得的机会。所以，要提升个人修养和魅力，女人一定不要忽视了握手这个细节，与人见面尤其是与陌生人见面后，要有力地握住对方的手，上下摇动以示渴望与其相见，最大程度地传达出你的热情和修养来，那么，你终将会得到意想不到的收获！

· **魅力女人修炼法则**

1. 握手时，要与对方目光接触，面带笑容。目光接触代表了你对他人的重视和感兴趣，也表现了你的自信和坦然，同时还可以观察到对方的表情。

2. 当你伸出手时，手掌和拇指该成一个角度，一旦你的手与别人的手握在一起，你的四指与拇指应该全部与对方的手握在一起。"死鱼"般的握手特征之一就是不用拇指。

3. 握手的时间应为5秒，若少于5秒会显得你不耐烦，缺乏热情；如果握得太久则会显得你过于热情，尤其是与异性握得太久，容易引起对方的防范之心。